KB162120

총담관과 기저

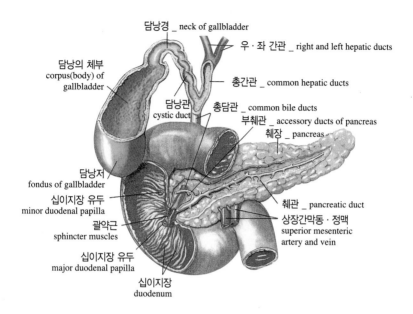

담낭경 _ neck of gallbladder

우 · 좌 간관 _ right and left hepatic ducts

담낭의 체부
corpus(body) of
gallbladder

총간관 _ common hepatic ducts

담낭관
cystic duct

총담관 _ common bile ducts

부췌관 _ accessory ducts of pancreas

췌장 _ pancreas

담낭저
fondus of gallbladder

십이지장 유두
minor duodenal papilla

췌관 _ pancreatic duct

괄약근
sphincter muscles

상장간막동 · 정맥
superior mesenteric
artery and vein

십이지장 유두
major duodenal papilla

십이지장
duodenum

심근경색

동맥경화부위

심근괴사 부위

관상동맥 경화증

관상동맥이란 심장에 산소와 영양분을 공급하는 혈관이다. 이러한 관상동맥에 지질과 칼슘이 침착되면서 동맥경화가 일어나거나 혈전에 의해 막혀버리면 심장으로의 영양공급이 장애를 받아 협심증, 심근경색 등 이른바 허혈성 심장질환이 발생하게 된다.

〈관상동맥의 구조〉　　　　　　〈관상동맥경화의 진행〉

적혈구 비교

적혈구 연전현상(어혈)　　　　　　**건강한 사람의 적혈구**
(건강이 많이 좋지 않은 상태)　　　　(건강한 사람들의 적혈구는 도넛처럼 둥글다)

간

간내
담석

담낭

담석

수담관
담석

총담관 담석

위

십이지장

유두괄약근
입구를 막는 담석

췌장 (인슐린)

▲콜레스테롤 담석 (2000년 4월 13일 38세 男)

: 10차에 나온 노폐물 _ 명미선, 42세 (2006. 11. 30)

: 13차에 나온 노폐물 _ 명미선, 42세 (2007. 1. 11)

: 13차에 나온 노폐물 _ 명미선, 42세 (2007. 1. 11) [직경 3.5cm]

적혈구·백혈구·혈소판

적혈구

콜레스테롤 미셀

백혈구

혈소판

적혈구 속에는 약 12억 개의 산소분자가 들어 있다.

콜레스테롤 미셀

적혈구

혈소판

혈소판은 혈액을 굳게 하고 멍든 부위에 관여한다.

백혈구

백혈구는 우리 몸을 질병으로 부터 지키는 대식 세포, 면역 세포이다.

질병이 발생하는 과정

유전, 약물과다복용,
연속된 긴장(게임, 놀이)
잘못된 식생활, 스트레스

교감신경 긴장
↓
아드레날린 호르몬 과다 분비
↓
과립구 증가, 림프구 감소

노폐물 증가
혈액의 산성화
어혈증가

조직파괴

각종 암 발생	만성퇴행성질환(성인병)
갑상선암, 폐암, 대장암, 유방암, 위암, 임파선암, 전립선암, 자궁암, 설암, 간암, 자궁선암, 골육종, 백혈병, 후두암, 방광암, 고환암, 췌장암, 뇌암 …	위장병, 류머티즘, 고혈압, 당뇨, 심장병, 안구건조증, 전립선, 편두통, 신장질환, 저혈당증, 손발저림, 예민한성격, 수족냉증, 오십견, 중풍, 우울증, 파킨슨씨병, 강직성척추염, 십이지장궤양, 담석증, 이명, 불면증, 비염, 풍치, 역류성식도염, 루케릭, 허리와목디스크, 다발성경화증 …

90세를 사뿐히 넘고,
100세 강 건너려면

治病必求于本

치병필구우본

반드시 그 원인(근본)을 구한다.

질병을 치료함에 있어서

책 머리에

책을 출판하기 시작한 것이 벌써 20년쯤 되어가고 있다. 하나의 텍스트를 두고 거의 17년에 걸쳐 2년마다 한 번씩 고치고 그간의 새로운 경험과 배움을 추가해서 출판해 오고 있다.

책이 많은 이들의 호응을 얻지 못했지만 간혹, 몸이 아파 이 병원 저 병원 다니다 나의 책을 읽고 찾아오시는 분들이 더러 있고, 홍보 용으로도 값어치를 하기에 새로이 출판함을 멈추지 않고 있다.

나도 초야에 묻혀 많은 손님을 만났다. 별의별 증상을 들고 찾아 왔는데 그나마 잘 대처한 듯하다.

인체는 음식과 호흡, 이 두 가지로 이루어지고 유지해 간다는 근 본에 충실하니 모두에게 도움 되지 않았나 생각한다. 질병(퇴행성 질환)이 발병하는 것은 균들이나 바이러스가 아니라, 혈액과 림프 액이 탁하거나 변형되고 혈관 벽에 나쁜 물질들이 퇴적하니 발병한 다는 것이 나의 지론이다. 혈액과 림프액이 침습 당한 것은, 잘못된 식생활과 스트레스 때문이며 또 인체에 넘친 영양소들이 혈액을 오 염시키고, 흐름을 방해하고, 독소 물질로 변형되고 적체되니 통증이 나타나고 질병들이 발병하는 것이다.

그런고로, 만성질환에는 몸속 청소와 독소 제거가 필수 코스며, 적절한 운동과 올바른 식생활로도 만병을 고칠 수 있음을 늦어서야 깨우치게 되었다.

질병이 발병하는 필요충분 요건은 [유전 7%, 운동 부족 10%, 환경 및 기타 13%, 잘못된 식생활 30%, 스트레스 40%]라 본다.

굳이 위의 공식을 인용하지 않더라도, 자기 자신에게 발병한 질병의 원인을 분명하게 파악하고 치료에 임해야 하며, 의료진들도 질병 원인을 소상하게 알리며 소통이 된 후에 치료에 임해야 한다.

유방암과 당뇨병이 같은 원인이라고 말하니 세상이 웃었다.

나는, 두 질병의 원인은 혈액과 림프액이 탁하고 몸속에 독소와 노폐물들이 많아서 발병한다고 본다.

발병 장소가 다르고 질병이 달리 나타나는 것은 음식의 차이와 스트레스의 강도에 따라 달리 나타나며 개인의 유전과 신체적인 장단점도 영향이 있다 본다.

참된 의술이나 의학은 100세까지 삶을 연장케 하는 것보다는 90세를 살아도 건강한 삶과 건강한 죽음을 맞이할 수 있도록 하는 것에 있다. 심지어 암 환자들조차 암 덩어리를 몸속에 둔 채 90세까지 건강하게 살 수 있도록 하는 것이 참된 의학이라 본다.

나는 평소에 자주 애용하는 서양 속담이 있다. "당신이 먹은 것이 당신을 말한다.(You are what you eat!)"이다.

패스트푸드나 인스턴트식품 같은 정크푸드를 즐겨 먹고 질병이 발병하지 않는 것이 이상한 것이다.

우울증, 공황증, 조현병, 자살지향적인 마인드, 분노조절호르몬 부족 등도 잘못된 식생활과 게임이나 오락 등이 포함된 스트레스에서 출발한다는 것을 많은 이들이 깨우치길 바란다. 특히나 젊은이들과 의료진들이 바르게 알고 대처를 해 주길 바란다.

질병 치료를 위해서 몸속의 독소와 노폐물들을 제거하고 혈액과 림프액을 맑게 하는 것에 포커스가 맞추어져 있었다면 의학은 더 많은 신뢰를 얻을 수 있었으리라!

방사선을 쬐고, 수술하고, 약을 먹었는데 치료가 된 듯하다, 다른 질병이 나타나거나 더 심해지거나 죽음에 이르는 것은 치료의 근본인 노폐물과 독소들을 제거하지 않았고 혈액과 림프액을 맑게 하는 것과 반대로 했기 때문이며, 양약들이 인체를 망치고 또 다른 질병을 유발할 수 있다는 진실을 세상에 알리며 새로운 패러다임의 의술과 의학을 보여야 할 때이다.

비타민, 오메가, 각종 영양제, 명상요법, 팔상체질, 보약, 카이로 프랙틱, 홍삼, 뼈 교정, 마사지, 산삼을 찾을 것이 아니라, 몸속을 청소하고 혈액을 맑게 하는데 포커스를 맞추어야 하는데 노폐물과 독소, 오염된 림프액과 혈액을 두고 명약을 쫓으면 참으로 우매한 사람이 될 뿐이다. 컨디션이 나빠지고 기운이 떨어지는 것은 영양소들이 부족한 것이 아니라, 혈액과 림프액, 몸속의 노폐물들과 독소들이 많아진 탓이다. 그러므로 필요 이상의 영양분들을 섭취하면 그 잉여 영양분들이 혈액과 림프액을 오염시키고 신장에 테러를 가하여 오히려 명(命)을 재촉당할 수 있다는 사실을 깨우쳐야 한다.

세계의 초 장수자들에게 비타민, 오메가, 루테인, 콜라겐, 크릴새우... 이러한 영양제를 복용한 적이 있느냐고 물으면 당신만 초라해질 뿐이리라~

질병의 종류는 167,000(일십육만 칠 년)여 종류가 등재되어 있다고 한다. 그러나 단 한 가지도 질병을 완벽히 정복한 게 없다는 것이 놀라운 의학의 현주소다. 또한, 인체의 세포를 온전하게 회복시키는 그러한 약품들도 존재하지 않는다는 것이 안타깝고, 부정할 수 없는 팩트다.

언젠가는 복용한 화학적인 약들이 반란을 일으켜 반드시 해(害)를 일으키리라~

암 덩어리를 수술이나 방사선, 항암제를 사용하지 않고 백혈구에 속하는 면역 세포들을 활성화시켜 우회적으로 암을 공격하게 하여 (지미 카터 대통령) 건강한 삶을 살 수 있도록 하자.

의학에 대한 나의 지론은 「만병동일설(萬病同一說)」이다.

만병은 같다! 단지 발생 부위가 다를 뿐이다

나의 이론을 확인할 수 있는 것은 유방암이나 갑상선질환, 고혈압, 우울증, 뇌졸중, 당뇨병, 간장병, 류머티즘, 심장병 등의 퇴행성 질환에 똑같은 방법으로 대처해 보면 공감대가 형성될 것이다.

그리고 민중 속에서 면면히 이어온 놀라운 비방들이 있다는 것을 최근에야 더욱 알게 되었다. 흰 모발을 자연적으로 검게 할 수 있는 비방, 치아를 오래도록 건강하게 유지하는 방법, 머리카락을 좀 더 건강하게 유지하는 방법, 구안와사에 잘 대처하는 법, 아주 유효하고 신통방통한 비법들이 나라 곳곳에 있다는 사실에 머리가 절로 숙어진다.

옛 고서엔 좋은 말들이 많다. [선섭생자 이기무사지(善攝生者 以基無死地)] 섭생을 잘하는 사람은 죽음의 땅에 들어가지 않는다.

[치병필구우본(治病必求于本)] 질병을 치료하면서 반드시 그 원인을 구한다.

환자 된 이들도 치료의 완치는 자기 자신의 몫임을 잊으면 안 된다. 수술이나 약물도 단지 치료의 한 수단에 불과하며, 치료의 완치는 자기 자신의 몫일 뿐이다.

건강한 정신, 건강한 육체를 갖기 위해선 음식을 올바르게 섭취하고 운동을 적절히 하며, 스트레스 관리를 잘해야 한다. 또한 몸속을 정기적으로 청소하고 필요하면 사혈도 권하고 싶다.

나의 이론이 병자와 건강한 이들은 물론, 100세 전후의 건강한 죽음을 위하여도 누군가에게 도움이 되었으면 한다.

또한, 의학이 바른길을 찾는 데도 일조(一助)를 할 수 있길 바란다.

[불치이병 치미병(不治已病 治未病)] 이미 병들고 나서 치료하지 말고, 병이 들기 전에 다스려라!

CONTENTS

책 머리에 ·· 3

인체의 입문 ··· 12

소화는 '간'이 한다. ··· 18

항암제로 살해당하다. ······································· 22

아보 도오루 교수의 이론 ································· 28

나만의 식중독 대처법 ······································· 33

비염 ··· 35

똥을 보면 그 사람의 건강이 보인다. ··········· 37

심장병과 신장 질환 ··· 42

변비 ··· 53

의학의 근본과 대체 의학이란? ······················· 55

불면증에 대하여 ··· 60

갑상샘에 대하여 ··· 64

암덩어리는 사람의 목숨을 앗아갈 수 없다! ······· 69

만병동일설(萬病同一設) ··································· 85

당뇨병의 올바른 이해와 치료 ······················· 90

구안와사 ··· 97

면역력 자가 진단 ··· 99

약(藥)들의 역습 ··· 101

우울증, 공황증, 조현병, 자살지향적인 마인드,

각종 정신 질환과 폭력 및 강력 범죄 ················ 122

각종 질병들의 전조 증상 ······························ 127

대한민국이 망해가고 있다. ························· 133

의학이 어떻게 나에게 왔을까? ····················· 138

당신도 이런 증상이 있나요? ······················· 144

세계인들의 힐링센터 ································· 148

간이 나빠지면 ······································· 150

건강한 정자, 난자, 건강한 호르몬 ················· 157

사혈(瀉血)에 대하여 ······························· 162

고혈압과 저혈압 ······································ 168

술 만한 약은 없다. ·································· 174

치아를 건강하게 ······································ 178

90세를 사뿐히 넘고, 100세 강 건너려면 ········· 183

허리, 무릎, 어깨 통증과 관절염 ················· 188

돌연사에 대하여 ······································ 191

요로, 신장, 방광, 전립선까지 청소한다. ········· 193

당뇨병과 몸속 청소 ································· 196

질병이 발병하는 조건 ································· 199

모든 시작은 몸속 청소로부터……………………………………… 201

이명…………………………………………………………………… 205

두통과 눈이 아플 때 ……………………………………………… 209

코로나, 메르스, 독감, 사스, 신종플루…………………………… 213

하지정맥류…………………………………………………………… 216

뒷목에 혹덩어리……………………………………………………… 218

폐암 말기 …………………………………………………………… 220

파킨슨병에 대하여 ………………………………………………… 223

루게릭병에 대하여 ………………………………………………… 225

아토피에 대하여……………………………………………………… 228

통풍과 당뇨병으로 발가락이 몹시 아플 때 …………………… 229

의학과 의술을 넘어, 흰 모발을 자연적인 검은 모발로 ……… 231

모발을 건강하게……………………………………………………… 234

현대의학이 설치한 폭발물 제거 ………………………………… 236

건망증과 치매, 뇌 세포 활성화를 위하여……………………… 239

더러운 성질 이야기 ……………………………………………… 244

왜 영양제를 챙겨 먹지? ………………………………………… 250

백내장과 녹내장 그리고 황반변성 ……………………………… 253

췌장암 ……………………………………………………………… 257

암 발병 전조 증상·· 263

아스피린의 배신·· 265

이혼의 진짜 이유·· 267

체머리와 수전증·· 270

맥압과 혈소판·· 274

운동선수들에게·· 276

기력이 떨어질 때·· 281

뇌졸중(중풍)에 대하여 ·· 284

강직성 척추염·· 288

다리가 아픈 이유들 ·· 291

건강하고 똑똑한 아이를 얻기 위하여·· 295

암과 함께 90세 강 건너려면·· 299

병명(病名)이 없다.·· 307

골다공증·· 310

적혈구·· 314

저승사자의 메세지·· 316

〈부록〉 제품 이야기

인체의 입문

태어나고 성장하면서 한 번도 아프지 않고 노년을 맞이할 수 없고, 노년이 되면 수많은 잡병에 노출되기 쉽다. 아프지 않고 한평생을 살 수 있다면 그보다 더한 축복이 있겠는가?

생로병사란 말이 있다. 태어나고, 늙고, 병들고, 죽는 것이 인생의 궤적을 표현한 말인데, 의학은 무병장수를 할 수 있는 길을 찾고 있다. 의학이나 의술에 앞서 동물이나 식물... 생명이 있는 유기체는 본능적으로 스스로 보호하고자 하는 것에 많은 것들이 내재되어 있지만 살아가면서 잊고 또 환경이나 자기 관리가 잘못되어 질병에 빠져들곤 한다.

항상 건강을 유지하기 위해선 인체를 구성하는 몇 가지 소중한 사실을 알고 있다면 도움이 될 듯하여 옮겨 본다.

인체의 특징 중에서 장(腸) 길이를 먼저 알아보자.

사람의 장 길이를 알기 전에 먼저 육식 동물들의 장 길이를 살펴보면 그들의 장 길이는 특이하게도 매우 짧다고 한다. 사자나 호랑이, 치타, 표범 등의 육식 동물들의 장 길이는 2m 내외로 되어 있다고 한다. 장(腸) 길이가 그토록 짧다니 이해가 쉽지 않다. 그들의 장 길이가 길었다면 그들은 지구상에 존재할 수 없든지 아니면, 변형되었을 것이다.

육식만을 하는 그들은, 음식물(육류)들이 장내에 오래 머물게 되면 소화될 때 가스나 독소들이 발생하여 생명을 위협하거나 수명을 단축하게 할 수 있다. 그래서 오랫동안 진화의 과정에 의하여 장의 길이가 점점 짧아지게 된 것이다. 그들의 평균 수명은 18~20년 정도 된다.

그런데 특이한 것은 육식만 하는 동물이지만, 썩은 고기를 잘못 먹었을 때나 배가 아플 때, 풀을 뜯어 먹는 경우가 왕왕 있다. 그 풀잎이 몸속의 독소와 벌레들을 섬멸하는 것이라니 놀라울 따름이다.

다음은 초식 동물들의 장 길이를 살펴보자.

초식 동물들의 장 길이는 육식 동물의 장 길이와 대조가 된다. 즉, 매우 긴 것이 특징이다. 소, 말, 양, 낙타, 누우…. 등등의 동물들이 있는데, 이들의 장 길이는 10~20m 내외가 된다. 엄청나게 긴 것이 특징이다. 그들은 육식을 전혀 하지 않는다. 오로지 풀과 나뭇잎, 줄기, 뿌리만 먹는다. 물론 모든 동물의 공통점 물을 빼놓을 수는 없다. 초식 동물들은 육식을 한 번도 해 본 적이 없지만, 그들의 뼈는 크고 튼튼하며 덩치가 장대하다. 그러면서 체지방도 엄청스레 많다. 그들의 평균 수명은 약 30~40년이 넘나든다.

초식 동물들은 한꺼번에 풀을 많이 섭취한 후 쉬면서 위장에 있는 것을 다시 끄집어내 되새김하기도 한다. 그러므로 나뭇잎이나 풀잎에 있는 영양소들을 충분히 흡수할 수 있기에 몸이 장대하고 뼈가 튼튼하고 충분한 지방질을 유지할 수 있다. 그러면 사람들의 장 길이를 알아봐야 한다.

사람의 장 길이는 7~8m 내외로 되어 있다. 재미나는 사실은 유럽인들은 동양인들보다 장의 길이가 1m 내외 짧다고 한다. 그들은 동양인들보다 덩치가 큰데 왜 장 길이가 짧은가? 그들은 육식을 많이 하기 때문이다. 사람의 장 길이가 7~8m 내외로 되어 있는 것은 초식 동물과 육식 동물의 중간에 있음을 알 수 있다. 그래서 사람들의 주식(主食)도 미루어 짐작할 수 있다. 육식과 초식의 중간…? 그것은 곡식이다. 잡곡(雜穀)이 우리의 주식이란 뜻이다.

인간은 조물주가 곡식을 주식(主食)으로 하게끔 코드화해 놓았다. 그러나 인간은 커다란 두뇌를 이용하여 육식도 하고, 초식도 하며 무엇을 먹어도 탈이 없도록 요리하는 법을 터득했고, 진화에 진화를 거듭한 것이다. 그러나 음식을 지나치게 편식하면 질병이 발병하여 고통 속에서 생을 마감하게끔, 코드가 미리 짜여 있음을 잊지 마시길….

장의 길이에 대한 상식을 유념하여 식사에 임하면 건강 유지에 많은 도움이 된다.

다음은 치아(齒牙)에 대하여 알아보자.

사람의 치아는 온전히 다 자라게 되면 32개가 된다.(막니 포함) 그중 어금니에 해당하는 치아를 한문으로 구치(臼齒)라 하는데, 구 字는 절구 구, 곡식 구 字를 쓴다. 한문 글자의 뜻이 그러하듯 인간들에게 발현되는 어금니는 곡식을 씹기에 알맞은 구조로 되어 있다는 것이다. 이 어금니가 위쪽에 좌·우로 5개씩 있고 아래 좌·우 5개로 형성되어 있다. 그래서 사람들의 어금니는 총 20개로 되어 있다. 곡식을 씹기에 알맞은 치아가 20개란 뜻이다.(막니 포함)

다음은 앞에 있는(대문니) 치아를 살펴보면, 위에 4개, 아래 4개로 총 8개가 형성되어 있는데, 이것은 풀이나 과일 등을 섭취하기에 알맞은 구조로 되어 있다. 대문니를 한문으로도 문치(門齒)라 부른다. 32개 중 28개가 설명되었다. 나머지는 4개다. 이 나머지 4개의 치아는 우리가 흔히 말하는 송곳니다. 송곳니를 한문으로 견치(犬齒)라고 부른다. 견 字가 개를 뜻하는 것이니, 개의 이빨과 비슷하다는 뜻이다. 개는 원래 육식하는 동물이다. 그러므로 견치는 육식을 섭취하기에 알맞은 치아라는 뜻이다. 이것을 정리해 보면, 곡식을 섭취하기에 알맞은 치아가 20개, 풀과 과일을 섭취하기에 알맞은 치아가 8개, 고기(육류)를 씹기에 알맞은 치아가 4개, (20 : 8 : 4) 이것을 수학의 공식에 따라 4로 나누면 5 : 2 : 1 이란 비율이 나온다. 나는 이것을 황금의 비율이라 표현한다.

100세 건강을 위해서 앞서 설명한 "황금의 비율"을 기억하며 음식을 올바르게 섭취하길 바란다. 즉, 곡식을 많이 섭취하고 다음은 과일과 채소를 많이 섭취해야 하며 육류는 적당히 섭취해야 함을 잊지 마시길….

다음은 담즙(쓸개즙)에 대하여 알아보자.

육식 동물의 담즙은 육류를 잘 유화시킬 수 있는 성분으로 구성되어 있으며, 초식 동물들의 담즙은 풀이나 나뭇잎을 유화시키기에 알맞은 성분들로 구성되어 있다.

사람들의 담즙을 히요르산이라 부르고, 사자의 담즙을 "하이데 조키시 히요르산"이라고 부른다. 사람의 담즙은 곡식(전분질)을 소화하기에 알맞은 성분으로 되어 있다는 것이다. 그런데 흥미로운 것은 풀이면 풀, 곡식이면 곡식, 육류면 육류, 해조류면 해조류, 과일이면 과일…. 먹을 수 있는 모든 것을 잘 소화할 수 있는 동물이 있는데, 그 동물의 이름은 곰이다. 곰의 담즙에는 어떤 성분이 있길래 모든 것을 소화 흡수할 수 있을까 하고 연구 분석해 보니, "우르소데옥시콜린산"이란 성분이 많다고 한다. 이 우르소데옥시콜린산을 추출하여 사람에게 복용시키면 이담작용이 잘 되어 간 기능 회복에 도움이 되지 않을까 하고 예로부터 이것을 사용한 듯하다. 그러나 나는 말한다. 전혀 효과가 없다고…? 그것이 그렇게 효과가 있었다면 간경화나 간이 좋지 않은 사람들이 복용했을 때 치료 효과가 있어야 하는데, 치료된 사례가 없는 듯하며 곰의 담즙은 곰 몸속의 다른 장기들과 서로 밀접한 관계가 있어야만 가능한 것이다. 사람들이 우르소데옥시콜린산의 성분으로 된 약품을 복용하면 간을 보호하고 이담 작용을 잘해줄 것이라고 복용하는 분들이 많지만, 궁극적인 효과를 얻지 못할 것이다.

사람들의 담즙은 곡식을 잘 소화 흡수하는데 유효한 성분들이 많음을 명심하여 음식물을 어떻게 섭취할 것인가? 매우 중요하다.

곡식 5, 채소 과일 2, 육류 1, 이 황금의 법칙을 잊지 마시길…

인체의 3대 요소가 호흡, 음식, 배설이라고 한다.

음식이 인체를 만든다고 해도 과언이 아니다. 그러므로 올바른 식생활은 모든 것의 기본이요, 근간이다

[섭생을 잘하는 사람은 죽음의 땅에 가지 않는다.]

소화는 '간'이 한다.

　의학이 태동할 때부터 지금껏 세상의 모든 이들은 소화는 위장이 하는 것으로 상식, 고착화되어 있다. 이 고착화된 이론에 반하는 이론은 거의 없는 듯하다.

　그러나 나는, 세상 모든 이들이 절대 이론이라 믿는 것에 반하는 이론을 펼치고 있다. 소화는 간이 한다라고... 주구장창 외치고 있다. 좀 더 구체적인 표현을 하면, "간과 다리가 소화의 주역"이라는 게 나의 지론이다.

　사람들이 위장이 좋지 않다고 이야기하면, "나는 혈액이 탁하고 간 기능이 약하여 그러합니다." 이렇게 답을 한다.

　역류성 식도염이 발병한 이유도 위장 위쪽의 분문 밸브가 약하여 발병한 것이 아니라, [간의 기능이 약하고 혈액이 탁하여 그러하다고] 답을 한다. 위장병에 나의 이론을 대입시켜보면 신뢰감이 높아질 것이다. 그리고, 식사할 때는 물이나 국을 마시지 않는 것이 좋다고 권한다. 왜냐하면 음식이 위장에 들어오면, 연동 운동이 시작되면서 위산이 분비되어 음식물들을 유화시키는데, 이때 물이 많으면 방해를 받기 때문이다. 즉, 위산이 유해 물질들을 섬멸하고 음식물을 분해하는데 물이 심한 방해가 된다. 또한 위가 아래로 처질 수도 있다. 그러면 물은 언제 먹는 것이 좋은가? 아침에 일어나자마자 깨끗한 물을 마실 것을 권한다. 음식을 먹고 난 뒤에는 약 2시간 후에 물을 마실 것을 권한다.

식사하고 곧바로 물을 마시면, 불이 타고 있는데 물을 부어 꺼버리는 현상이 되기 때문이다. 불이 타고 있는데 물을 부으면 모든 것은 허사가 되지 않겠는가?

오래전 베리 마샬이라는 오스트리아 로얄 퍼스 병원의 병리과 의사가 위궤양을 일으키는 원인은 위산과다와 신경성이 아니고, 헬리코박터파이로리 라는 벌레(바이러스)가 일으킨다고 연구하여 발표하고, 약 20년이 더 지나 그 공로를 인정받아 노벨의학상을 수상하였다. 그러나 그 벌레가 왜 위장 벽에 궤양을 일으키는지는 연구하지 않았다. 그리고 그 벌레를 섬멸하기 위하여 약이 개발되어 처방되고 있지만, 위궤양은 완전히 치료되지 않고 있다. 이유는 무엇인가? 그 벌레는 원래 위장 속에 있어야 하며 음식물 분해 작용에 관여하는데, 스트레스나 위장에 무리가 되는 조건들이 만들어지면 위장 벽이 허물어지고 이때, 위벽에서 분출되는 영양분을 먹기 위해 몰려들기 때문에 위 궤양이 발병한다고 본다. 그러면 위장 벽이 스스로 허물어지는 이유는 무엇일까? 그것은 피로, 운동 부족, 간 기능 저하, 어혈, 잘못된 식생활, 스트레스 등이 될 것이다.

내가 왜 소화는 위장이 아니라 간이 한다고 우기느냐 하면,

첫째, 위장이 움직일 수 있는 에너지는 간이 공급하기 때문이다.

둘째, 위장에 음식물이 들어오면 유문과 분문을 닫고 음식물들을 유화시키기 위해 위산이 분비되는데 이 모든 공정을 간이 하기 때문이다.

셋째, 위장에 음식물들이 머무는 시간은 물과 밀가루 음식, 밥과 같은 곡물류, 육류 등이 머물다 내려가는 시간이 각기 다르며, 음식물들이 충분히 유화되면 십이지장으로 흘러내리게 하는 유문의 작동도 간이 컨트롤하기 때문이다.

넷째, 음식물이 소장에서 융모를 타고 간으로 흡입되고, 또 세포에 전달되어야만 소화의 과정이 끝나는 것인데, 이 과정 전체가 사실은 간이 컨트롤한다고 보기 때문이다.

다섯째, 소화는 다리도 한다.

움직이지 않으면 소화가 안된다. 소화가 된다 해도 완전 연소가 이루어지지 않아 혈관이나 장내에 유독 가스나 활성산소, 나쁜 콜레스테롤로 변하게 된다.

자주 체하거나 마른 체형의 사람들은 간에서 담즙 분비가 원활치 않기 때문이다. 즉, 담도가 정상치보다 좁아져 있거나, 노폐물들이 있기 때문이다.

담즙이 잘 분비되어야만, 장의 융모에서 흡수가 잘 이루어진다. 이 피드백시스템이 원활치 않으면 소화와 흡수 작용이 떨어지며 이에 따라, 기억력이 떨어지고, 무릎이 자주 아프고, 시력이 떨어지며, 어깨와 팔에 관절염이 발병하고, 호르몬의 생성도 급격히 줄어들며 인체는 서서히 망가져 가는 것이다.

하루에 담즙은 1,000~1,200CC 정도 만들어지는데, 간이 약하여 담즙을 충분히 분비하지 못하면, 속이 갑갑하고 자주 체하게 된다. 다시 말해, 간의 기능이 떨어진 탓이요, 담도가 좁아져 있는 것이다.

위장에 문제가 있다는 것은 간의 기능이 떨어지고 혈관 속에 나쁜 물질들이 많아졌다는 사실을 깨우쳐야 한다. 그런고로, 위장병을 치료하려면 간의 기능을 회복시키고 혈액을 맑게 하면 위장병은 저절로 없어질 수 있다는 것이 내 많은 경험이요, 지론이다!

장, 간을 여러 차례 청소하고, 올바른 식생활을 하고, 많이 걸으면서 양배추와 당근을 갈아서 먹으면 뜻밖에 빠른 회복을 보이는 때도 없지 않다.

만병의 원인이 그러하듯, 위장병도 스트레스와 밀접한 관계가 있음을 다 아실 것이다. 스트레스를 받으면 혈액이 깨어지고 혈관 속에 유독 물질들이 많아지기에 암과 당뇨병을 비롯 심장병, 신장병, 위장병, 고혈압,뇌졸중 등의 모든 통증과 질병의 근원이 되는 것이다.

마음을 다스리고 장, 간을 청소하고, 올바른 식생활과 많이 걷고, 기어 다니는 운동도 권하고 싶다.

"소화는 간이 한다."

나의 이론을 여러분들은 어떻게 생각하시는지?

항암제로 살해당하다.

저자 : 후나세순스케

어느 대학병원의 의사가 그 병원에서 일 년간 사망한 암 환자의 사망원인을 규명한 결과, 놀랍게도 80%가 암에 의해서가 아니고 항암제 등의 암 치료가 원인이 되어 죽었다(살해되었다)는 것이 판명되었다고 한다. 그러한 사실 규명의 논문을 학장에게 보여 드렸더니, 그 자리에서 찢어 없앴다는 것이다. 이러한 진실이 환자들에게 폭로되면, 어떤 소동이 벌어질지 생각이라도 해 보았는가!

이렇듯 아우슈비츠의 대학살에 버금가는 사실에 모골이 송연해지는 것이다.

의료살육의 현실은 아마 한국에서도 동일할 것이다. 암 산업 이란 거대한 돈벌이 사업이 세계의 의학계에 만연하고 있기 때문이다.

매년 전국에서 25만 명에 이르는 사람들이 암 치료로 인해 목숨을 잃고 있다. 나는 이 전율적이고 충격적인 사실을 암 전문의들의 증언을 섞어 여러분들에게 전달하려고 한다. 현재 암으로 인한 사망자는 연간 31만 명에 달한다. 그런데 암 전문의들은 이들 가운데 70~80%는 사실 항암제와 방사선요법 등으로 인해 목숨을 잃고 있다고 단언한다.

만약 여러분이나 가족이 암이라는 진단받는다면 틀림없이 병원에서 항암제, 방사선치료, 수술이라는 치료를 강제로 받게 될 것이다. 이런 치료법을 암의 3대 요법이라고 한다. 그런데 실제로는 25만 명에 이르는 암 환자 대부분이 암이 아닌 이 3대 치료법으로 말미암아 목숨을 잃고 있다라고 한다.

이런 사실을 알 때 여러분들도 또한 충격과 놀라움으로 할 말을 잃었을 것이다.

"암은 항암제로 치료할 수 없다."

이 말은 후생성의 전문 담당관이 한 말이다. 게다가 이 담당자는 "항암제는 발암(發癌)성이 있다는 점까지도 인정한 것이다. 또한 암세포는 항암제에 곧바로 내성을 가져 항암제를 무력하게 만든다."하고 후생성의 담당 전문관은 대수롭지 않다는 듯 말하고 다음의 말을 덧붙였다.

"이거 모두가 알고 있는 사실이다." 그는 상식이라며 아무렇지도 않게 그런 말을 내뱉었다. 그의 이러한 말이 지금도 항암치료에 실낱같은 희망을 걸고 있는 암 환자와 그 가족들에게는 온몸이 떨릴 정도의 충격일 것이다. 하지만 의사는 효과가 있다라며 항암제를 투여하지 않는가?

대부분 사람들이 효과가 있다라는 의사의 한 마디에 매달린다.

그러나 효과가 있다는 의사의 말은 이런 의미다. 즉, 암 환자에게 항암제를 투여하고 4주 이내에 종양이 조금이라도 줄어들면 효과가 있다라고 판정하는 것이다.

항암제의 의약품첨부문서에는 극약 명확하게 표시되어 있다. 대부분 항암제는 예외 없이 강력한 독극물인 것이다. 이 맹독을 암 환자에게 투여하는 그 자체가 미친 짓이다. 이 독은 환자의 전신에 파고들어 머리카락이 빠지고 심한 구토와 설사 등 여러 가지 무시무시한 부작용을 유발한다.

독(毒)을 가득 담고 있는 약이므로 이는 당연한 결과이다. 이 독으로 인해 몸 안의 조직, 기관이 비명을 지르고 절규한다. 암 종양도 이 독에 놀라 움찔하며 오므라드는 것이다. 대체로 10명 가운데 1명 정도로 이런 현상이 발생한다. 그러면 의사는 이 항암제가 유효하다고 판정한다. 불과 10명 가운데 한 명 정도!

그것도 불과 4주 사이에 조금이라도 종양이 줄면 유효하다고 본다니 어처구니가 없다. 게다가 나머지 9명의 암세포는 꿈적도 하지 않는다. 사람의 수명은 4주가 아니다. 왜? 반년, 1년 정도의 시간을 두고 관찰하여 유효성을 판단하지 않는 걸까? 여기에는 중대한 이유가 있다.

항암제의 독으로 인해 일시적으로 줄어든 암세포를 오랜 시간을 두고 자세히 관찰하면 또다시 증식을 하기 때문이다. 이 재발(Rebound)현상을 감추기 위해 4주 이상은 관찰하려 하지 않는 것이다.

"항암제를 투여하는 화학요법은 무력하다"

이것은 1985년 미국의회에서 미국국립암연구소(NCI)의 테비타 소장이 한 경악스러운 증언이다. 그는 항암제를 투여해도 암세포는 곧바로 반항암제 유전자(ADG)를 변화시켜 항암제를 무력화시킨다. 이는 농약에 내성을 지니는 것과 같은 현상이다라고 말했다.

또한 1988년 미국국립암연구소는 병인학(病因學) 이라는 수천 페이지에 달하는 보고서에서 "항암제는 무력할 뿐 아니라, 강한 발암성(發癌性)으로 다른 장기 등에 새로운 암을 일으키는 증암제(贈癌製)일 뿐이다."라는 놀라운 사실을 발표했다.

미국국립암연구소는 세계에서 가장 권위 있다고 일컫는 연구기관이다. 이 충격적인 보고는 일본의 암 학계에도 큰 파문을 일으켰다. 하지만 무력한 증암제라는 사실이 환자들에게 절대로 알리지 않도록 함구령이 내려졌다고 한다. 따라서 항암제 치료란 암 환자들에게 효과가 없는 독(毒)을 투여하는 행위와 마찬가지다.

맹독의 부작용은 100% 암 환자의 몸을 갈기갈기 망가뜨린다. 특히 암세포와 싸우는 림프구를 생산하는 조혈 기능을 철저하게 공격한다. 항암제 투여를 가장 반기는 것은 다름 아닌 암세포인 셈이라니 이보다 더 말이 안 되는 이야기가 있을까?

항암제를 투여하면 흉포한 암세포만이 맹위를 떨치며 살아남는 한편, 면역세포는 맥을 못 춘다. 항암제는 암을 증식하고 악성화하여 결국 독(毒)으로 환자를 해친다. 이 희생자는 마침내 독살로 숨을 거두고 마는 것이다.

방사선 치료도 마찬가지다. 후생성측도 방사선요법에서 무시무시한 발암(發癌), 증암(增癌) 작용이 있다. 라고 인정한다. 방사선은 우리 몸에서 가장 중요한 면역세포를 섬멸하는데 이에 따른 부작용은 항암제보다 심각하다. 전문의는 경고한다.

방사선요법으로 암 환자들은 더욱 쇠약해져 죽음을 앞당기게 된다. 그래서 양심적인 의사들은 "방사선 치료는 물론 수술받지 않는 편이 좋다 충고한다.

- 중략 -

일본인 후나세 순스케란 분이 쓴 책 「항암제로 살해당하다」의 앞의 일부분을 내 나름대로 발췌해서 옮겨 놓았다. 더욱 관심 있는 분들은 그분의 책을 구매해서 전체를 읽어 보시기 바란다.

암 덩어리가 사람의 목숨을 앗아가지 못한다.

암 환자든, 다른 질병이든 그 원인은 혈액에 있다고 본다. 암 환자들의 혈액은 특별하다. 왜? 매일 아침 암 환자들의 혈액을 뽑아 검사하는 데도 그것을 구별하지 못하는지 안타깝다. 검사 때 혈액을 자주 뽑으면 그것 때문에 환자는 급격히 체력이 떨어지고 체력이 약해져 버리니 마음마저 나약하게 변하여 죽음의 길로 빨리 접어들지 않나 생각된다. 환자의 목숨을 죄어 오는 것은 혈액이 메말라가고 조혈(造血)이 되지 않기 때문이다.

이 중요한 사실을 의학의 진실이여…. 외쳐라!!!!

누구에게나 전에 없던 불필요한 혹이 나이 30~40세가 넘으면 발생해 있을 가능성이 있으며, 암은 정상 세포의 돌연변이다.

특히나 진성 암은 특별한 점들이 몇 가지 있다.

그것을 구별하지 못하는 우리들의 현실과 의학이 안타까울 뿐 아니라, 암에 대처하는 3대 요법(수술, 방사선, 항암제)에도 심각한 문제가 있지 않을까 생각된다.

후나세 순스케의 책을 읽으면...

아보 도오루 교수의 이론

인간들에게 발병하는 질병의 종류는 무수히(십육만 칠천여 종) 많다. 그중에 성인이 되어 발병했던 질병…. 지금은 젊은 층에서도 발병한다고 하여 현대병이라 칭하다가 바뀐 것이 만성 퇴행성질환으로 명명하게 되었다.

즉, 혈압, 암, 뇌졸중, 류머티즘성, 갑상선, 강직성 척수염, 심장질환, 신장질환, 파킨슨병, 다발성 증후군….

유행성이나 전염에 의한 질병이 아닌 만성 퇴행성질환은 수학의 공식과 같이 일종의 패턴이 있다는 일본인 의사 아보 도오루란 분의 이론이 신뢰할 수 있는 듯하여 그분의 책 중, 앞부분을 내 나름으로 간추려 옮겨 본다.

우리 몸은 60조 개의 세포로 구성되어 있다. 자율신경은 이 엄청난 수의 세포들의 작용을 무의식적으로 조절하는 신경 기관이다. 자율신경은 심장과 혈관, 위장, 땀샘 등 내장의 여러 기관을 조정한다.

뇌의 명령을 받지 않고 독립해서 작용하기 때문에 자율신경이라

불리 운다. 우리가 자고 있을 때도 심장이 계속해서 뛰는 것은 자율신경이 심장의 작용을 자동으로 조절하기 때문이다.

자율신경에는 교감신경과 부교감신경이 있고 양자는 각자 반대로 시소처럼 서로 길항하며 작용한다.

자율신경은 내장의 신경을 조절할 때 교감신경, 부교감신경 각각의 신경 말단에서 신경전달물질이라는 일종의 호르몬을 분비한다.

교감신경에서 분비된 아드레날린에는 심장의 박동을 빠르게 하고 혈관을 수축시켜 혈압을 오르게 하는 작용이 있어 심신을 긴장 흥분시키고 몸을 활동 모드로 만든다. 가령 화를 심하게 낼 때 혈압이 급상승하는 것은 흥분한 교감신경이 아드레날린을 한꺼번에 많이 반출하여 혈관을 수축시키기 때문이다.

이에 비해 부교감신경에서 분비된 아세틸콜린은 심장의 박동을 느리게 하고 혈관을 확장시켜 혈압을 떨어뜨리기 때문에 몸은 휴식 이완 모드로 바뀌게 된다.

자율신경은 세포에 작동하라 쉬어라 하고 명령을 내려 그때그때의 상황에 가장 적합한 몸 상태로 조정한다. 이러한 구조 덕분에 우리는 안정된 생명 활동을 영위할 수 있는 것이다.

또, 우리 몸에는 면역 자기방어시스템이 갖추어져 있어 바이러스나, 세균, 이종단백질(자신의 몸에 없는 단백질), 암세포 등의 공격에서 몸을 지켜 준다. 이 면역시스템 가운데서 중심적인 작용을 하는 것이 혈구세포인 백혈구다.

혈액 중에는 백혈구 외에 적혈구가 흐르고 있다. 적혈구는 산소와 탄산가스를 운반하는 일을 담당하며, 혈액 1m³ 당 약 500만 개가 포함되어 있다. 백혈구는 혈액 1m³ 당 5000~8000개 가량 들어 있고 그중 95%가 과립구와 림프구.

대부분의 병은 잘못된 식생활, 과다한 노동, 과다한 약물복용 등에 의하여 (교감신경 긴장)---(과립구증가)---(활성산소의 대량 발생)---(조직파괴)---(림프구감소) 라는 패턴에서 질병이 발생한다는 사실을 알게 되었다.

자율신경계의 균형을 깨뜨리고 교감신경이 우위를 점하게 되는 최대 원인은 스트레스이다.

과립구

과립구에는 아드레날린 수용체가 있음을 밝혀냈다.

보통 혈액 1㎣당 3600~4000개가 있으며 백혈구 전체의 54~60%를 차지한다. 상처가 발생(염증)한 경우 과립구는 10,000~20,000/m³에 달하며 백혈구 전체의 90%까지 차지하기도 한다.

충수염, 폐렴, 편도선염 등 염증성 질병 발생 시 과립구는 엄청난 숫자로 불어난다. 과립구는 수명이 짧아 2~3일 안에 사망하며 하루 50% 가량의 세포가 교체된다. 과립구는 역할을 다하면 조직의 점막으로 돌아와 활성산소를 방출하면서 죽는다. 스트레스나 기타 이유 등에 의해 과립구가 지나치게 많아지면 활성산소가 많아져 체내의 여기저기에 광범위한 조직 파괴가 발생한다.(위염, 트러블, 잇몸 출혈, 뾰두라지...) 활성산소는 혈관에도 상처를 입혀 동맥경화를 촉진하기 때문에 심장병, 뇌혈관장애를 일으키기 쉽다. 그러므로 과립구가 증가하면 할수록 조직파괴가 진행된다.

활성산소는 만병의 근원이고 노화를 일으키는 원흉이라고들 하는데, 그 이유는 활성산소가 강력한 산화력을 갖고 있어 정상적인 세포들을 파괴해 버리기 때문이다.

적혈구는 산소와 영양분, 탄산 화물 등을 비롯하여 각종 영양분을 운반하는 혈액으로서 정상적인 적혈구는 드문드문 떨어져 있으며, 활성산소로 인해 파괴된 적혈구는 탄력을 잃어 엉기어 있다. 마치 엿이 달라붙는 것처럼 보이는 현상을 적혈구연전현상(어혈, 혈전) 이라고 한다.

림프구

아세틸콜린의 수용체가 있음을 발견, 림프구는 백혈구의 35~41%를 차지하며 1㎥당 2200~3000개 정도 숫자를 유지한다.

몸 안에서는 하룻밤에도 수만 개의 암세포를 림프구가 암세포화된 것을 제거하고 있기 때문에 암에 걸리지 않는 것이다. 림프구가 부족하다는 것은 바이러스와 싸울 힘이 저하되었음을 의미하며 림프구가 암세포 공격의 열쇠가 되는 세포이다.

암 공격을 잘하는 NK세포, NKT세포들의 림프구는(파포린이나 그렌자임(granzyme) 같은 물질을 분비하여 암세포를 파괴한다.

부교감신경의 기능이 저하되어 분비 능력이 떨어지면 림프구도 이런 물질들을 분비하지 못해 암을 공격하지 못한다.

몸에 이상이 발생하는 것은 자율신경의 균형이 흐트러지고 이에 따라 백혈구의 균형에도 문제가 생길 때이다.

림프구와 과립구의 비율이 앞에서 서술한 정상범위에서 벗어난다면 면역력이 저하되어 각종 질병이 발생하는 것이다.

자율신경의 균형을 깨뜨리고 교감신경이 우위를 점하게 되는 최대의 원인은 스트레스다.

「약을 끊어야 병이 낫는다.」 중에서 아보 도오루

나의 소견 – 질병이 발생하는 주원인은 잘못된 식생활과 운동 부족에 의하여 혈액이 탁하여서 어혈(혈전, 적혈구연전현상)이 많아진 탓이요, 운동 부족으로 인하여 저산소증이 또한 그 원인으로 생각한다.

나만의 식중독 대처법

식중독 사고가 여름, 겨울 없이 4계절에도 발병하고 있다.

토사곽란을 만나면 사람의 기력이 완전히 빠져 버린다. 그리고 식중독이 심하면 목숨도 위험해진다.

아마 전해 내려오는 민간요법이었을 것이다.

집된장을 두 숟가락 정도 떠서 공깃밥 그릇에 담고, 물을 3숟가락 정도 붓고 잘 저어 믹싱을 한 후에 그것을 원샷으로 마시는 것이다. 나도 이것을 어떻게 먹지 고민했지만, 배가 너무 아프니 어쩔 수 없이 마셨다. 그랬더니 30~40분쯤 지나니 배가 정말로 괜찮아졌다. 그래서 많은 이들에게 식중독 대처법이라며 전해 주었는데 대부분이 다 좋아졌다고 했다.

그래도, 효과를 보는 경우가 그렇지 않은 경우보다 훨 높다는 것이다. 그렇게 짠 된장을 원샷 했지만, 부작용은 전혀 없다는 것이 놀랍다. 암튼, 나만 알고 있는 것이 아까운 정보라 여기 소개해 본다.

또, 배가 아프거나 장염이 걸렸다 싶을 땐 참쑥을 뜯어 꼭꼭 씹어 먹는다. 많이 쓸수록 약효가 있는 듯하다. 이것도 여러 번 해 봤는데 효과가 좋았다.

　나에게만 장 트러블에 효과가 있는지 모르지만 참고 삼아 열거해 본다.

비염

비염도 불치병이고 원인을 정확하게 알 수 없는 질병이다. 원인을 모르기에 치료 약이 없다. 봉합하고 순간적으로 좋게 하는 약들이 있지만 온전히 치료되지 않는다. 모든 질병 치료제가 그러하다.

비염이 발생하는 원인을 나는 잘못된 식생활 때문이라 본다. 튀긴 음식, 밀가루 음식 등과 정크 푸드가 원인이라 본다.

거의 30년간 비염이 있는 조카가 올해 초에 비염이 많이 좋아졌다는 것이다. 그 이유는 정크 푸드를 줄이니 그런 놀라운 일이 있었다는 것이다. 코를 킁킁하는 소리가 듣는 이마다 불쾌해지며, 결혼 생활을 온전히 할까? 그것마저 걱정될 정도이었다. 내가 때마다 나쁜 음식을 먹지 말라고 해도 듣기 싫어하고 먹을 게 없다며, 피했다.

비염을 치료하기 위해서는 약을 먹는 어리석음보다는 음식을 올바르게 섭취하는 것이 치료의 첫걸음이요, 전부다. 올바른 식생활과 산행을 자주 하면 대부분 질병에서 저절로 벗어나게 된다. 그래도 안 될 때, 약을 찾아야 한다.

어떤 아주머니는 몸이 여기저기 좋지 않아 인터넷, 유튜브를 뒤지다, 5일 전부터 일체의 육류를 끊었다고 한다. 그리고 현미 잡곡밥을 해 먹었더니, 콧속에서 목으로 커다란 덩어리가 빠지더라는 것이다. 그것을 뱉으니 누런 가래 덩어리와 반은 핏덩어리로 되어 있더라는 것이다. 그런 후 비염이 싹 없어졌다고 한다.

오래전부터 알고 지내는 지인은 올해 76세쯤 되셨는데 비염을 앓고 계신 지가 50년쯤 되신다고 한다. 그러니 젊은 날 26세쯤부터 지금껏 비염을 앓고 계신다.

천하의 어떠한 약들도 효용이 없었다고 한다. 나는 그분에게 나의 제품을 전해 보았다. 그분이 한 달간 복용하신 결과 완전히 나은 것은 아니지만 전보다 좋아지셨다고 한다. 물론, 조카도 복용하니 좋다고 한다.

한 달 복용으로 오랫동안 앓던 비염이 완전히 나으리라고는 기대할 순 없지만, 전보다 낫다고 하니 다행이다.

여기에는 별의별 약재들이 들어간다. 세신, 과채...

비염이 있는 이들은 무엇보다 올바른 식생활이 중요함을 깨치고 또 깨쳐야 한다. 올바른 식생활과 산행을 자주 하면 분명히 자연적으로 비염이 낫는다고 확신한다.

똥을 보면 그 사람의 건강이 보인다.

어떤 일본인이 「얼굴을 보면 그 사람의 건강이 보인다.」 이런 제목의 책을 쓰신 분이 있다. 그분은 사람의 얼굴을 보고 어떤 질병이나 장기가 나쁘다고 연구한 분이다. 상당히 일리가 있는 부분도 많다. 그러나 너무 맹신하기엔 좀 그러하며 특히나 치료에서는 아주 부족하다.

의학도(醫學徒) 중에는 사람의 똥과 동물들의 똥을 연구하여 질병을 알아내고 또 질병 치료에 도움이 되고자 연구하는 분들도 있다고 한다. 그러나 지금은 피 한 방울로도 많은 질병과 암 부위도 찾아내고 있으므로 그러한 연구가 쇠퇴해 가고 있다. 그리고 김현정 의사가 쓴 「의사는 수술받지 않는다.」 책의 33P에는 이러한 내용이 나온다.

[의료 기술과 장비의 발달도 한 가지 원인을 제공했다. 예전 같으면 몸에 지니고 있으면서 평생 모르고 지나가 천수를 누리다 죽었을 것을, 첨단 검사법이 온갖 시시한 병들까지 샅샅이 밝혀내는 바람에 졸지에 수술받는 중환자가 되어 버린다. 굳이 아는 게 좋은 것

만은 아니다.]

똥 이야기하지 않고 엉뚱한 이야기를 늘어놓은 듯하다. 먼저 사람의 똥은 어떠해야 하는지 알아보자.

첫째, 똥은 설날 떡가래같이 굵기가 일정하고 무르지도 않고 딱딱하지도 않아야 할 것이다.

둘째, 똥은 냄새가 구수해야 할 것이다.

셋째, 똥은 색깔이 황금색이어야 좋다.

넷째, 똥은 적당한 시간에 시원하게 내보내야 한다.

위와 같은 똥을 매일 아침 보시는 분들은 의학이니 의술이니 그러한 것들은 불필요한 이야기가 될 것이다.

나는 말한다.

의술과 약과 의사는 환자의 똥을 누런색으로 만들기 위해 존재한다고 말하고 싶다. 몸이 정상이면 똥이 건강한 모양과 색깔을 지니기 때문이다.

위에서 나열한 것 중에 첫째에 해당하는 부분을 좀 더 구체적으로 설명하면, 건강한 사람들의 똥은 굵기가 일정하고 또 묽거나 딱딱함이 아니라 설날 떡가래처럼 그렇게 모양과 무르기가 비슷하다는 뜻이다. 가령 장(腸)이 나쁘거나 몸이 건강치 않으면 똥이 묽게 나오며 설사를 자주 할 것이다. 그 사람은 장트러블이 잦고 몸이 메마르고, 성격도 예민하고 짜증을 잘 낼 수 있다. 특히나 변이 잘 나오지 않고 혈변이 나오면 반드시 대장 검사를 해 봐야 할 것이다.

설날 떡가래처럼 변을 잘 보기 위해서는 우선 움직임이 많아야 하며, 아울러 먹거리를 올바르게 먹어야만 가능하다.

둘째, 똥은 냄새가 구수해야 한다.

변의 냄새가 구수하다는 약간의 과장된 표현인지 모르나 장이 건강하고 음식을 잘 소화하여 몸 밖으로 배출될 때, 냄새가 지독하거나 역겹지 않아야 한다는 뜻이다. 물론 무를 많이 먹거나 육류만 많이 먹어도 변의 냄새는 유독 악취가 많이 난다는 것을 알 수 있다.

간경화나 간암, 그리고 질병을 앓고 있는 사람들의 변 냄새는 아주 고약하다. 특히나 간 기능이 나쁜 사람들은 방귀 냄새조차도 그렇게 악취가 심하게 난다.

셋째, 똥은 황금색이어야 한다.

똥의 색깔이 좋아야 한다. 황금색은 아니라 하더라도 검은색이나 흰색은 되지 않아야 할 것이다. 변이 검다는 것은 속이 탄 상태라고 봐야 할 것이다. 이것을 좀 더 구체적으로 설명하면, 음식물이 위장에서 충분히 유화되어 십이지장으로 흘러들면 간에서 담즙이 분비되고 췌장에서는 인슐린과 여러 호르몬이 분비된다. 그런데 음식물이 위장에서 십이지장으로 흘러들 때 이때는 음식물 속에 많은 위산이 포함되어 있다. pH 1도 가까이 되는 강력한 산성의 성분이 많아 살을 태울 정도로 산도가 높은데, 십이지장에서는 이것을 완충하기 위하여 벽에서는 물(액체)이 나온다. 당연히 알칼리성이다. 이것이 융화되어야 하는데 간이 나쁘거나 몸에 질병이 있으면 십이지장에서 호르몬이 잘 분비되지 않고 담즙(쓸개물)이 약하고 또, 췌장에서 각종 소화 호르몬들이 약하게 분비되기 때문에 강한 산성을 융화시키지 못해 똥이 검은색으로 변하는 것이다. 특히나 똥이 황금색이 되는 것이 좋은데 똥의 색깔을 황금색으로 변하게 할 수 있는 능력은 췌장의 기능이 튼튼해야 함을 알아야 한다. 췌장에서 분비되는 각종 호르몬은 황금색이다. 그러므로 똥이 황금색이란 말은 췌장이 건강하다는 뜻이라고 보며, 글루카곤 키모트립신 등의 호르몬이 잘 분비되면, 그 사람은 아주 건강한 사람이라는 뜻이다.

어떤 분이 말했다.

자기는 풀을 갈아 녹즙을 자주 먹는데 변의 색깔이 푸른빛이라고…. 당연히 풀잎을 많이 먹으면 똥은 풀잎 색깔일 수밖에 없다. 평소에 변의 색깔이 황금색이 될 수 있도록 음식과 운동과 스트레스 관리를 잘해야 할 것이다.

넷째, 똥은 적당한 시간에 시원하게 볼 수 있어야 한다.

변을 시원하게 보지 못한다는 것은 변비가 있거나 장의 기능이 약하다는 것이다. 변비가 있으면 사람이 아주 괴롭다. 머리가 아프거나 잠을 잘 자지 못하거나 반대로, 잠을 자면 업어가도 모른다고 할 만큼 곯아떨어지게 된다. 또한, "풍(風)은 똥 병이다." 이런 말도 있다. 이것은 숙변이 장내에 오래 머물게 되면 나쁜 독소들이 발생하여 이것이 문맥을 통하여 간으로 흘러들고 이것이 다시 혈액을 타고 인체 속으로 유입되어 온몸을 유영하면, 몸이 망가지고 뇌졸중이 발현될 수도 있다. 이것이 세포를 망가뜨리고 생명을 단축하게 하거나 질병을 유발함은 물론이요, 삶의 질을 떨어뜨리는 것이다. 조심하고 반드시 해결해야 할 것이 변비임을 잊으면 안 된다.

변비가 있거나 너무 딱딱하면 변을 보기 위하여 배에 힘을 많이 넣어야 하며, 이때 압력이 혈압을 50 이상 끌어 올리게 된다. 평소 혈압이 140이던 사람이 변비가 있고 똥이 너무 딱딱하여 190이 되면 상당히 위험해지는 것이다. 그래서 옛날에 쪼그려 앉아서 변을 봐야 했던 화장실 시설 때문에 일찍 돌아가신 분들이 많음을 알 수 있다.

똥을 좋게 만들어야·한다.

똥을 좋게 하기 위해선, 푸른 채소를 많이 먹고 많이 움직여야 함을 잊지 마시길.. 그리고 패스트푸드 인스턴트식품 같은 정크 푸드를 피하는 것이 건강의 첩경임을 때마다 강조한다.

의학이나 의술은 사람들의 똥을 좋게 하려고 존재한다고 다시 한 번 강조하고 싶다.

심장병과 신장 질환

심장병의 종류는 심근경색, 협심증, 심비대증, 부정맥, 판막이상증 등이 있다.

심근경색일 때 스텐트 수술, 판막 수술, 혈관…. 그리고 혈전용해제와 아스피린, 와파린, 혈액순환개선제 등을 먹어야 한다. 그리고 흥미로운 사실은 심장이 좋지 않으면 대부분 신장도 나빠지고, 신장이 나빠지면 심장도 나빠진다. 그래서 두 관계가 명확하게 밝혀지지 않았지만 관계가 깊어 [심신증후군]이라 칭한다.

후천적으로 심장이 나빠지는 최대 원인은 혈전과 혈관 벽에 노폐물들이 끼여 혈관이 좁아지기 때문이다. 즉, 혈액과 림프액이 나빠서 발병한 것이다.

위와 같은 원인을 제공하는 세부적인 원인은 유전, 잘못된 식생활과 운동 부족이며 스트레스와 양약의 장기간 복용 등을 꼽을 있을 것이다.

심장에 시술이나 스텐트 수술을 받고 죽을 때까지 혈전용해제와 혈액순환개선제를 복용하는 이들도 많다. 그러나 양약보다 더 좋은 약초들도 있음을 모르고 있고 현대 의학은 막고 있다 본다.

모든 화학적인 약들은 간과 심장과 신장에 크게 악영향을 주며, 인체를 무너뜨린다. 후천적으로 나타나는 심장병은 하루아침에 나빠진 것이 아니라, 오랜 시간을 두고 서서히 문제가 발생하는데, 잘못된 음식이 주원인이다. 저급한 원료를 넣으면 모든 기능이 망가진다. 뇌와 심장과 폐와 생식기와 장(腸)들과 그 외에 모든 세포도 마찬가지다. 즉, 당신이 어떤 것을 즐겨 먹었느냐에 따라 심장병을 비롯하여 만병을 만들어 내는 것이다.

심장병을 줄일 수 있는 [신의 한 수]는 역시 육류는 삶아서 먹을 것과 저녁엔 육류든 바닷고기든 어떠한 고기도 먹지 않는 것에 있다고 주장한지 오래다.

심장병이 있거나, 심장 수술 받고 난 후에 아스피린, 혈전용해제, 혈관확장제, 혈액순환개선제 등의 약을 복용하고 있으면 심장은 점점 좋아지고 있을까? 현상을 유지하기 위한, 위험을 줄이기 위한 처방이지만, 화학적인 약들은 서서히 인체를 무너뜨리며 명(命)을 단축케 한다.

심장이 나빠진 원인은 90% 이상이 혈전(어혈)과 혈관에 나쁜 물질들이 쌓여 혈관이 좁아진 현상 때문인데 똑같은 현상이 뇌에서 일어나면 뇌경색이나 뇌출혈이 발병하는 것이다.

스텐트 수술이나 기타 시술 받았던, 심장약을 복용하고 있던, 심장을 회복하려면, 올바른 식생활을 하고 신장의 기능을 향상시켜야 한다.

튀긴 음식, 구운 육류, 기름으로 볶은 음식, 정크 푸드, 우유와 유제품도 금할 것을 권한다. 그리고 와인을 저녁 식사 때 한 잔씩 할 것을 권한다. 알코올은 천연의 혈관확장제요, 지방을 연소시키는 작용이 있다.

심장병에 사혈이 으뜸의 효과를 나타낼 것이다. 누구나 곰곰이 생각해도 그러할 것이라고 나는 생각한다.

다음은 많이 걸어야 하며, 또 걸어야 한다. 맨발로 걸으면 더 효과가 배가 된다.

다음은 장, 간, 신장을 청소해 줄 것을 권한다.

혈액을 맑게 하기 위한 중요한 조치라 생각한다. 신장의 기능이 좋아야 노화된 혈액과 림프액을 잘 정화해서 소변으로 배출시켜 준다.

양약의 굴레에서 화학적인 양약의 늪에서 벗어나 좀 더 자유롭고 건강한 심장을 가진 사람이 되세나~

어떤 이론에 의하면 지구상 모든 포유류의 심장은 15억 번을 뛰고 나면 멈춘다고 한다. 이것은 덩치가 큰 코끼리나 덩치가 작은 쥐에게도 해당하며, 코끼리는 평균 수명이 60년, 쥐는 2~4년을 예상하면 코끼리는 1분의 심박동 수가 50~60 정도이며, 쥐는 1분에 엄청난 숫자로 심장 박동이 일어난다고 볼 수 있다. 인간도 여기에 포함되므로 심장이 15억 번 이상 잘 뛸 수 있도록 노력해야 할 것이다.

그리고 흥미 있는 진실은, 여성들은 임신이 가능한 가임기간(미

姙期間)에는 좀처럼 발병하지 않는 질병이 하나 있다. 그것이 어떤 질병일까? 그것은 바로 심장병이다.

왜, 임신이 가능한 여성들에게는 심장병들이 좀처럼 발병하지 않는 걸까? 그것은 생리 현상 때문이다. 한 달에 한 번씩 치르는 생리 현상 때, 몸속에 있는 나쁜 콜레스테롤이나 유해 성분들도 몸 밖으로 빠져나오기 때문에 심장병이 쉬이 발병하지 않는다. 자식을 낳고 기를 수 있도록 그런 위험한 질병이 발병치 않도록 코드를 미리 만들어 놓았다고 한다. 얼마나 신(神)들이 훌륭한지 의학을 공부해 보면 신비로움이 엄청나게 많다. 그리고 위와 같은 사실을 곰곰이 생각해 보면 심장병에 어떻게 대처해야 할 것인지 하나의 방편을 얻을 수 있다. 이럴 때 남성들은 일찍부터 가끔 장, 신장, 간을 청소해 주면 되는 것이다.

튀긴 닭고기나 튀긴 음식들을 계속해서 먹으면 머지않아 뇌졸중이나 심장 질환이 발병할 것이다. 또한 장어, 멍멍이 고기, 소고기 등을 자주 많이 섭취하면 심장병에 쉽게 걸리게 된다. 콜레스테롤이나 고지혈을 막기 위해선 푸른 채소와 과일, 양파를 자주 섭취할 것을 주문한다.

화학적인 양약(아스피린, 혈전용해제, 이뇨제...) 등은 인간이 만든 화학적인 제품이다. 이것이 궁극의 심장 질환을 치유하는 것은 아니다. 심장에 이상이 있어 스텐트 수술을 한 사람들이 더러 계신다. 그러나 그러한 사람들도 양파를 자주 먹어야 하며, 육류를 삼가야 한다. 특히나 저녁에 절대 육류를 섭취해서는 안되며, 문어나 오징어 같이 혈액이 없는 바다 해물을 권한다.

심장병에도 장, 간, 신장 등을 반드시 청소해야 한다. 그리고 금진옥액도 필요하다고 본다.

심장병의 특효약은 걸음이다. 많이 걸으시라, 맨발로도 걸어보시라. 위와 같이 행하면 얼마 지나지 않아 심장이 튼튼해진다는 것을 스스로 느끼게 될 것이다. 이것이 많은 이들의 심장을 구할 수 있는 구심제가 되길 바란다.

나는 심장과 신장에 관한 제품도 만들어 판매하고 있다. 심장 질환에 문제가 있어 양약을 복용하고 계시는 분들이 의외로 많다.

하루빨리 화학적인 약물에서 벗어나야 한다. 모든 심장 환자들은 세뇌가 되어 있다.

약을 끊으면 위험해진다…?

장, 간, 신장 등을 청소하고 올바른 식생활을 하며 운동을 적절하게 잘해 보시라~

놀라움을 느끼게 될 것이다.

심장병의 증상

1) 식은 땀 : 심근경색의 흔한 증상 중 한 가지는 식은땀이 나는 것이다. 그냥 가만히 앉아 있어도 운동한 듯이 땀이 흘러내릴 수도 있다. 식은땀의 심장질환 자가 진단해 보세요.

2) 무기력감 : 심근경색에 걸려있거나 협심증에서 심근경색으로 이행될 때는 심각하게 무기력감이 느껴진다고 합니다. 심할 때는

어떤 여성이 종이 한 장조차 들 힘이 없다고 했다고 합니다.

3) 숨가쁨 : 평상시에 숨이 가쁘면 천식이나 폐기종이 원인이라고 생각이 듭니다. 맞는 말이지만 심부전이나 심근경색도 그러한 숨가쁨 증상이 있다는 거 알아두시고 심장질환 자가 진단을 해 보시기 바랍니다.

4) 식욕감퇴 : 심근경색이 있으면 속이 메스꺼우면서 식욕이 감퇴됩니다. 심부전증 원인 중의 하나는 복부팽창인데, 이것이 식욕에 영향을 미치게 됩니다. 식욕감퇴로 심장질환을 자가 진단할 수 있는 증상 중 한 가지입니다.

5) 기침 및 천식 : 기침을 반복하여서 하거나 쌕쌕거리는 천명이 반복되면 심부전증을 의심하는 것이 좋습니다. 심장질환 중 심부전의 증상에서 그러한 현상이 나타나는데 심부전이 있는 사람들은 때로 피가 섞인 가래를 내뱉기도 한다.

6) 현기증 : 부정맥이 일어나면 현기증이나 의식불명 증상이 나타나기도 합니다.

7) 급격한 심장발동 : 현기증이나 무력감, 숨 가쁨 같은 증상들과 함께 나타나는 급격하고 비규칙적인 심장박동은 심부전증이나 심근경색, 부정맥의 증상일 수 있으니 심장질환 자가 진단을 할 때 이러한 증상도 생각해 두어야 합니다.

인터넷 검색 창에서

심장이 나빠지면 육류의 섭취를 줄이고 과일과 채소 등을 섭취하며 걷기 운동을 열심히 해야 한다. 그리고 반드시 장, 간, 신장 등을 청소하고 금진옥액도 받아보실 것을 권한다.

나는 스텐트를 갖고 있어도 양약보다 더 혈액을 맑게 할 수 있는 제품을 가지고 있다. 그리고 심장병이 발병하기 전에 심장을 먼저 튼튼하게 할 수 있는 방법도 또한 같다고 본다.

혈액과 림프액을 맑게 하는 것이 심장병에도 최대의 과제요, 목표일 뿐이리~

다음은 신장(콩팥) 질환에 대하여 알아보기로 하자.

100세 시대를 논하고 있다. 백세 건강의 근원은 신장이 좋아야 할 것이다.

신장은 매일 몸속의 나쁜 물질들과 노화되고 파괴된 혈액과 림프액 등을 정화하여 소변으로 배출시키기 때문이다.

신장의 기능이 떨어지면, 고혈압, 이명, 요통, 류머티즘, 얼굴이나 손, 다리가 자주 붓고, 건망증이 심해지고, 성 기능이 저하되고, 면역력이 떨어지고…. 만수무강을 저해하는 요인들이 즐비하게 나타난다.

밤에 소변을 자주 보거나 아침에 얼굴이 자주 붓는 경우도 신장 질환을 의심해 봐야 할 것이며, 이유 없이 몸이 마를 때에도 신장 질환을 의심해 봐야 하며, 잠을 잘 이루지 못하는 것도 대부분 신장의 기능이 떨어진 탓이며, 피부가 자주 가려운 것도 신장이 나쁜 때도 있고, 하지정맥류가 있을 시에는 신장의 기능이 매우 약하다고 보면 거의 정답이 될 것이다.

신장병을 일으키는 원인을 아직 정확히 밝혀진 것이 없다. 이것

역시 치료 방법이 없는 불치병이라 명시한다.

내가 신장병 환자들을 경험해 보니, 신장병을 일으키는 원인은 첫째, 양약의 장기 복용, 정크 푸드, 고지혈, 튀긴 음식, 구운 육류, 스트레스, 과로 등으로 인하여 신장의 기능이 떨어지는 것임을 짐작케 할 수 있다.

신장의 기능이 떨어지면 고혈압이 발병하고 이명(耳鳴)이나 청각의 기능이 떨어지며 뇌의 혈관이나 세포에 이물질과 노폐물들이 쌓여 치매가 올 가능성이 커진다.

기억력이 떨어지고 뇌의 용량이 줄어들며 뇌의 질병들이 대부분 신장의 기능이 나빠져 발병한다. 왜냐하면 신장의 기능은 인체의 정화조 역할을 하는 더없이 중요한 정화 기관이다. 신장에서 노화된 혈액이 걸러지는데 그 기능이 잘 이루어지지 않는다면 그 노화된 혈액이 온몸을 떠돌게 되고 그 노폐물과 독소가 위(上)쪽으로 모이고 많이 사용하는 부위로 몰리니 뇌세포가 손상을 입고 다른 기관들도 망가지는 것이다.

혈압이 높은 사람, 이명이 있는 사람, 몸이 자주 붓는 사람, 밤에 소변을 보러 자주 일어나는 사람, 요통이 있는 사람... 이런 사람들은 신장이 나쁜 사람들이다. 또, 레닌(Renin)에 의해서 안지오텐신이라는 호르몬이 형성되는데 이것이 많아지면 혈압이 올라간다. 그래서 혈압약 중에는 이뇨제가 대부분이고 안지오텐신이라는 호르몬을 차단하는 약도 처방된다.

소변 검사 후 신장 질환 의심이 나왔다면 혈뇨나 단백뇨가 검출

되었을 가능성이 크며, 가끔 신장이 정상인데도 혈뇨와 단백뇨가 나오는 경우가 있다고 한다.

소변이 짙은 갈색이거나 핏빛에 가까운 혈뇨가 나오는 것은 신장에서 만들어진 소변이 방광과 요도를 지나 배설되는 과정에서 출혈이 있다는 증거이기 때문에 사구체신염 같은 신장병이나 요관결석, 방광암, 전립선염 등의 비뇨기질환이 원인일 가능성이 크다.

소변을 자주 보고 그때마다 통증과 혈뇨가 있다면 신우신염이나 방광염 같은 세균 감염일 수도 있으며 소변의 색깔이 붉었다가 괜찮아지기를 반복하면 신장암이나 방광암일 수도 있다고 한다.

소변의 양이 갑자기 많아지거나 반대로 줄어드는 경우나 거품이 많은 소변도 좋지 않고, 신장의 기능이 떨어지면 소변으로 단백질이 빠져나와 소변에 거품이 많고 탁해지는 경우가 많다. 물론 건강한 사람일지라도 일시적으로 음식에 의하여 소변에 거품이 많이 생길 수도 있지만 이 같은 증상이 계속된다면 검사를 받고 신장을 클리닝 할 필요가 있을 것이다.

만성신분전증의 원인은 당뇨병성 신장질환(41%), 고혈압(16%), 사구체염(14%) 등이다. 심부전의 초기에는 별다른 증상을 느끼지 못하지만 신장 기능이 저하되면서 피로, 가려움증, 식욕부진 등의 요독증상이 나타난다. 말기 신부전증에 이르면 호흡곤란, 식욕부진, 구토 등의 증상이 나타나며 심해지면 혈액투석이나 신장 이식 등의 치료를 받지 않으면 정상적인 생활을 할 수 없는 상태가 된다.

나는 신장의 기능을 회복하는 데 도움이 되는 제품을 만들었다.

여러 분이 복용해 본 결과 아주 좋아하신다. 외국이나 세상 어떤 제품보다 비교 우위에 있지 않을까 생각한다.

신장질환과 연관된 주요 증상

　1) 부종, 특히 눈 주위, 발목이나 손목

　2) 하부요통이나 옆구리 통증

　3) 배뇨(배뇨)시 통증

　4) 콜라 빛 및 포도주 빛 소변

　5) 고혈압

　6) 배뇨 횟수 이상 또는 소변 색깔 변화

신장 질환이 의심되면 다음 사항을 체크해 보세요.

1) 혈압이 높거나 저혈압이 있다.

2) 몸이 붓는다.(부종, 다리, 얼굴, 손, 발목, 손목…)

3) 소변보기가 힘들고 아프다.

4) 소변에 혈뇨가 보이고 거품이 많다.

5) 배뇨 횟수 이상 또는 소변 색깔 변화

6) 밤에 소변을 자주 봐 잠을 설친다.(신부전증의 초기 증상으로 야뇨증이 생긴다.)

7) 옆구리가 자주 아프다.(하부요통, 옆구리 통증)

8) 입맛이 없고 구토가 나고 몸이 가렵다.(요독증으로 인한 소변에 있는 독소가 몸속에도 남아 있어 나타나는 증상)

신장의 기능을 회복하기 위해서도 먼저 음식을 올바르게 바꾸어야 함을 빼놓을 수는 없다. 그리고 장과 간을 청소하여 신장에 부담이 덜 되도록 윗물을 깨끗이 한 후 신장을 청소해 볼 것을 권한다. 물론 운동하고 사혈도 때때로 필요하다고 본다.

정기적으로 신장도 청소하여 늘 활력적인 사람이 되고 90세가 넘어도 항상 건강하시길...

변비

만병의 근원은 변비다. 그리고 90세를 건강하게 넘기지 못하는 원인 중 커다란 비중을 차지하는 것이 또한 변비다. 옛말에 풍(風)은 똥 병이다. 이런 말도 전해진다. 그처럼 위험한 것이 변비다.

변비가 있으면 얼굴에 트러블이 많고 머리가 자주 아프며 온 전신에 나쁜 물질들이 계속 공급되게 된다.

변비를 발생케 하는 원인은 첫째는 잘못된 식생활에 있다.

잘못된 식생활은 당연히 정크 푸드를 즐겨 먹은 것을 곱을 수 있다. 특히나 밀가루 음식같이 섬유질이 없는 음식을 즐겨 먹으면 변비에 걸릴 확률이 높다.

다음은 양약이다. 어떠한 양약도 변비를 일으킬 소지가 있다, 본다.

양약이란, 대부분 화학적인 성분의 약들이다. 이 약들을 먹으면 인체에서 각종 반응이 일어나는 것은 그만큼 모든 세포가 싫어하기 때문이요, 코드가 맞지 않기 때문이다. 심장이상박동, 변비, 불면증, 생리트러블, 신경이상반응, 장트러블, 기력 쇠잔….

다음은 운동 부족이다. 적절한 운동이 있어야 변비에 도움이 된다.

변비에서 벗어나려면 위와 같은 조건들을 해결해 주면 저절로 해결된다. 그래도 도움이 되지 않으면 먼저 장, 간을 청소할 것을 권한다. 장, 간을 청소한 사람들은 거의 변비가 없어진다는 사실을 알게 되었다.

그리고, 양지환도 추천해 본다.

의학의 근본과 대체 의학이란?

의학의 근본에 대하여 학문적으로 정의해 둔 게 있는 모양이다.

그런 체계화된 이론보다 더 확실한 정의는 얼마 전에 유행하던 말이 더 가슴에 와닿는다.

99, 88, 123…. 구십 구세까지 팔팔하게 살다, 하루 이틀 정리하고 하늘나라로 간다. 이 말속에 모든 의학의 개념이 농축된 듯하다.

무엇이 정통(正統)의학이요, 전통(傳統) 의학인가?

태초로부터 면면히 전해오는 전통 의학이요, 정통의학은 무엇인가? 한의학이 전통 의학이요, 정통의학의 맥을 이어오다 현대의학에 자리를 빼앗긴 지 오래다.

그러나 현대의학도 한계를 드러내면서 통합의학으로 발전하고 있다.

태초로부터 면면히 이어오던 전통 의학은 어떤 것일까?

그것은 굶고, 설사하고, 토하고, 땀을 나게 하는 것이라고 나는 배웠고 믿고 있다. 이것이 의학의 근본이요, 출발점이라 본다. 이것을 의학의 4병법이라 한다.

[의학이란? 인간을 질병으로부터 구하고 건강법을 모색하는 학문, 의학은 인류의 역사와 더불어 경험 의료로서 존재해 왔으며 일반과학이 진보함에 따라서 독자성을 지닌 과학으로 발전하여 인체에 관한 연구와 질병의 예방 및 치료를 연구하는 학문이라고 정의된다. 의학에 대한 개념은 점차로 변화하여 현대에서는 인간을 생리적, 심리적, 사회적으로 적극성을 띠게 하고, 될 수 있는 한 쾌적한 상태를 유지하는 연구를 하는 학문으로 해석되기도 한다. 다시 말하면, 기능적, 사회적 개념에서 의학이 정의되고 있다.

세계 보건기구(WHO)에서는 건강을 정의하여 단순히 질병이 없거나 허약하지 않다는 것뿐만 아니라, 신체적, 정신적, 사회적 안녕의 완전한 상태라고 하고 있는데, 의학이란 결국 건강을 유지하고 향상하는 것을 목적으로 하는 과학이고 보면, 이 정의를 통해서도 의학의 개념이 변천해 가고 있음을 알 수 있다.]

- 인터넷 검색창에서 -

의학의 근본이요. 전통(傳統) 의학, 정통(正統)의학은 모두가 변질이 되었다.

세월이 흐르면서 발전하고 새로운 의술이 개발되면서 많은 영역으로 넓혀졌다.

1,800년대까지 유럽은 기존의 의학이 유지되었는데, 현미경의 발견과 더불어 눈으로 볼 수 없었던 바이러스(세균)를 보게 되므로 새로운 의학으로 바뀌는 계기가 되었다.

고전 유럽의 의학은 사혈이 대세이었다고 본다. 유럽은 지금도 사혈을 신봉하고 있다고 한다. 그리고 유럽은 아직도 전통적으로 내려오던 민간요법을 중요 치료법으로 활용하고 동종요법 등을 선호하고 있으며, 미국과 한국, 일본 등이 현대의학에 크게 의존하고 있는 실태이다. 유럽 의학이 미국이나 일본 한국 의학보다 더 실용적이고 유효하지 않을까 생각해 본다.

우리는 무작정 수술과 화학적인 약들을 복용하지만, 유럽인들은 수술은 최대한 자제하고 오래전부터 면면히 이어오는 전통 의학을 중시하고 있다. 유럽 의학이 장점들이 많고 치료의 근본에 충실해지고 있는 듯하다.

이제 미국도 면역력을 강화하는 요법으로 선회하고 있다. 의학과 의술과 의료 기계가 첨단으로 발전했다고 한다. 그런데 흥미로운 것은 인체의 내부를 특수 카메라로 훤히 들여다보며 의술을 펼치는 데도, 질병을 완벽히 치료하는 사례는 없다는 것이다. 수술은 잘했지만, 질병의 근원 치료는 거의 없다는 것이다.

의학이 발전했다는데, 질병이 더 고도화 지능적으로 변한 것인가?

인간에게 발병하는 167,000여 종류의 질병 중에서 인간이 정복한 것이 단 한 가지도 없다는 현실을 우리는 어떻게 받아들여야 하는가?

[병을 고치려면 먼저 환자의 마음을 다스린 뒤에 병자에게 마음속의 동요를 없애주어야 한다. 오직 사람의 병만 다스리고 마음을 다스릴 줄 모르는 것은 근본을 버리고 끝을 쫓는 것이다.]

먼 옛날에는 지금과 같이 정의되거나 이론화된 의학의 개념은 없었다. 그러나 그때도 질병에 대처하는 방법들이 분명히 있었을 것이다. 그것이 의학의 근본이고 의학의 출발점이라 할 수 있을 것이다. 의학이라고 정의하기에 적합할지 모르지만, 의학의 출발은 자연 그대로 태어나면서 우리가 스스로 삶을 영위하고 몸을 스스로 지키기 위한 본능적인 것들이 의학의 근본이라 생각한다.

우리도 먼 태초에는 산속의 동물들처럼 옷을 입지 아니했고 자기 몸의 보호나 질병 치료 역시 자연적인 방법에 원초적인 방법을 사용했을 것이다. 인간 본능에 의한 몸을 보호하는 방법, 인체 내부에서 자연적으로 형성되는 방어 시스템…. 그것은 토하고, 설사하는 것이라고 정의하고 싶다. 그것이 의학의 시작이요, 근본이라고 말하고 싶다.

나는 오래전 어떤 분의 강연에서 의학의 근본은 굶고, 토하고, 설사케 하고, 땀을 나게 하는 것이라고 말씀하시던 그것이 세월이 흘러 지금 생각해 보니 그 이론이 훌륭하다는 생각이 새삼 든다.

굶고, 토하고, 설사하고, 땀을 나게 하는 것…. 이것이 의학의 4병법이요, 의학의 근본이라 본다.

그 외에는 모두가 대체하는 요법인데, 사람들은 약초를 쓰고, 침, 뜸 등을 사용하는 자연 치료사들을 대체의학 하는 사람, 민간요법이라 부르며 곱지 않은 시선으로 본다. 사람들이 의학의 근본을 모르고 있다.

유럽은 라이선스를 중요치 않으며 법원의 판결에서도 "잘 고치는 사람이 명의다" 이것이 전부라고 한다.

우리는 자격증이 있느냐만 보고 있다.

많은 사람이 몸이 아프면 어떤 병원에 가야 하는지 잘 알고 있다. 그러나 가서 치료의 완치를 보지 못한다. 치료의 완치는 본인만이 할 수 있다. 치료를 도와주는 사람을 의사라 부른다.

잘 먹고, 잘 자고, 잘 배출하고, 잘 행동할 수 있으면 된다.

나는 의학의 근본이란 의학이 불필요한 세상을 만드는 것이 의학의 최종 목적지라 본다. 의학에 의존하지 않고도 백 세를 건강하게 살다 건강한 죽음을 맞이할 수 있게 하는 것이 의학이 추구해야 할 목적지다.

의학의 근본은 마음을 다스리고, 굶고, 토하고, 설사하고, 땀을 나게 하는 것임을 다시 한번 강조한다.

불면증에 대하여

　현대인들에게 별 해괴한 질병들이 많이 일어나는데, 불면증은 희소한 질병은 아니지만 현대인 중에는 이런 증상을 호소하는 이들도 뜻밖에 더러 있는 듯하다.

　인터넷을 열람하여 불면증에 관한 글을 살펴보면, 불면증은 습관적 만성을 이르는 말이다. 짧고 단속적인 수면, 얕은 수면, 꿈을 많이 꾸는 수면 등 수면의 길이나 질이 문제가 되나 실제로는 불면이 아닌데도 불면으로 생각하는 신경증으로서의 불면증도 상당히 많다. 따라서 이와 같은 증세에 시달리는 사람은 항상 수면 부족을 호소하게 된다.

　만성 불면증이나 습관성 불면증 등의 대부분은 이와 관계가 깊다. 뇌동맥 경화나 고혈압으로 인한 뇌 혈행 장애성 이외에 자율신경이나 내분비의 이상에서 오는 것, 정신병으로 인한 것이 많다.

　우울병은 자기 스스로가 불면으로 고민하는 정신병원으로서 자살의 위험도 있다. 정신병의 약 30%는 불면이 주 증세다. 그러나 불면이면서 불면을 호소하지 않는 경우도 정신적으로 치료받아야 한다. 그리고 흥분하거나 불안감으로 정신상태가 항진되어 있을 때, 커피, 홍차 등을 많이 마셔 흥분해 있을 때, 또는 각성제, 혈압상승제, 비타민제 등의 약제사용도 불면의 원인이 될 수 있다.

수면제 등 약제의 사용은 여러 가지 장애를 일으키기가 쉬우므로 의사의 지시와 처방에 따라야 하며 항불안 약물을 사용해 치료하기도 한다.

혹시 복용 중인 약물로 인해 불면증을 겪는다면 다음과 같은 약물이 그 원인이 될 수 있습니다.

• 기침 감기약 : 슈도에페드린 함유 제제

• 에스트로겐 함유 약물 : 피임약 또는 호르몬 대체 약, 패치, 주사, 크림

• 골다공증약 : 랄록시펜

• 스타틴계 고지혈증약 : 아토바스타틴, 심비스타틴,

• ADHD 치료제 : 메칠페니데이트

• 스테로이드제 : 프레드니솔, 메칠프레드니솔론

• 기관지 약물 : 살부타몰, 살메테롤, 테오필린

• 갑상선 호르몬제, 우울제, 비충혈제거제, 식욕억제제, 혈압약 등

인터넷 검색창에서

2021년 9월 초에 70대 초반의 부부가 왔었다.

오래전에 나의 책을 구매해 갖고 있었지만 읽지 않고 있다가, 몸이 너무 좋지 않고 잠을 못 잔 것이 3개월쯤 되었다고 한다.

서울에 있는 유명 병원 3곳에서 검진받았는데 아무런 이상이 없

다는 결과가 나왔다는데 정작 본인은 죽을 맛이라고 했다. 그리고 곰곰이 생각해 보니 얼마 못 살 것 같은 느낌을 느꼈다고 한다. 모든 것을 정리하고 남편에게 캠핑카를 구하여 죽기 전에 여행이나 하자고 했더니 남편도 응해주어 여행을 다니기 시작했다고 한다. 여행을 다니다 나의 책을 바르게 읽게 되었는데, 첫 장을 읽자마자 곧바로 연락을 취하고 찾아온 것이다.

나는 지금까지 복용하던 모든 양약을 중단케 했다. 다른 약들은 끊을 수 있어도 수면제는 끊지 못하고 줄이고 또 줄이며 나의 처방대로 잘 따라 주셨다.

조금 있으면 3개월이 되는 지금…. 그분들은 여행을 멈추고 경치가 좋고 공기 맑은 곳에 시골집을 구하여 수리하고 있다. 앞으로 20년 이상은 더 사실 듯하시냐고 물었더니 그렇다고 대답하신다. 물론 지금은 수면제 없이 아주머니께서 잘 잔다고 전하여 온다.

나는 말한다.

불면증의 주원인은 첫째는 양약 복용이며, 둘째는 신장의 기능이 떨어지면 숙면하지 못한다. 셋째는 몸속의 독소와 노폐물들 때문이고, 넷째는 스트레스 때문이다.

모든 양약은 대부분 불면증을 일으키게 되며, 신장의 기능이 떨어져 소변을 온전히 배출하지 못하면 잠을 편히 잘 수 없다. 또 몸속에 독소와 노폐물들이 많아지거나, 스트레스를 받으면 신경에 이상이 작동에 불면증에 시달리게 된다.

이럴 때는 장, 신장, 간 등을 청소하고 사혈도 받고, 산행을 많이 하시면 저절로 해결되리라.

그래도 안 될 때는 불면증에 사용하는 약재들이 있다.

갑상샘에 대하여

지구촌에서 한국 여성들이 갑상샘 환자가 제일 많다고 한다. 이유가 무엇인가? 그것은 너무 잦은 건강 검진 때문이라는 것이다.

외국의 여성들도 한국 여성들보다 갑상샘 환자가 많을 수도 있으나 한국처럼 이렇게 많이 건강 검진하지 않을 뿐 아니라, 갑상샘에 이상이 있어도 병원을 찾고 양약을 복용하고, 방사선으로 치료하고, 수술하고 그러지 않는 듯하다. 참으로 안타까운 현실이다.

갑상샘에 발병하는 질병들을 살펴보면, 기능항진증, 저하증, 갑상샘염, 갑상샘 결절, 갑상샘암 등이 있다. 그러나 이러한 질병들이 왜 발병하는지? 현대의학이나 한의학들조차 정확한 원인을 알 수 없다고 하며 원인을 모르기에 치료법도 약도 아직 개발되지 않았다.

수술이 돈이 되는지 많은 환자가 갑상샘 절제 수술 받았다. 너무 많은 수술 때문(과잉 치료)에 의학계 스스로 자정하자며 수술을 신중하게 하자고 세미나를 열었다고 한다. 그러나 그뿐…. 또다시 많은 환자가 수술대에 오르고 있다. 발병 원인은 알지 못한 채 갑상샘

암 덩어리를 가만두면, 위험해질 수 있다고 위협을 한다.

갑상샘암을 가만히 두고 90세까지 아무 이상 없이 살 수 있도록 의학과 의술이 펼쳐져야 한다.

나는 갑상샘의 원인은 잘못된 식생활과 스트레스, 운동 부족 때문이라고 오래전부터 주장해 왔다.

나도 많은 갑상샘 환자들을 만났다. 그들에게 수술이나 약보다는 원인을 바르게 알고 바르게 대처법을 이야기했다. 모두가 고마워한다.

갑상샘의 원인이 잘못된 식생활과 운동 부족, 스트레스 때문인데, 바르게 알지 못하는 환자들은 약을 복용하며 전에 갑상샘을 일으킨 나쁜 음식들을 즐겨 먹고 있다. 의사들도 올바른 식이요법을 이야기하지 않고 있다. 약과 질병 원인 물질, 두 가지의 독소 물질을 한꺼번에 복용한다. 두 가지의 독을 함께 복용하는 것…. 나중의 일은 여러분들의 상상에 맡긴다.

혈액을 맑게 하고 몸속에 독소와 노폐물들을 제거하며 음식을 바르게 섭취케 하니, 갑상샘이 있기 전보다 대부분 더 건강해졌다. 갑상샘 약을 복용치 말 것을 권했으며, 아울러 나쁜 음식들도 먹지 말 것을 주문했다. 혈액과 림프액이 나빠 갑상샘에 이상이 발병한 것임을 확신하며 바르게 대처해 왔다고 자부한다.

현대 의학적으로 기능항진증일 때, 갑상샘 호르몬 억제제를, 기능저하증일 때는 합성 호르몬을 투여하여 대체하는 것이며, 원인을 치료하는 것과는 거리가 멀다. 그야말로, 합성 호르몬 대체 요법일 뿐이다. 합성 호르몬을 투여하면 그 인체에 필요한 적정량은 누구도 알 수가 없다. 그 자신과 의사는 물론, 신들도 모른다. 오직 그 인체 자체만이 알 뿐이다. 그런데도, 투여된 갑상샘 약이 완전히 쓰이지 않고 잉여분이 된다면 세포나 혈관에 남아 인체를 야금야금 무너뜨리는 것이다. 그것을 합병증이라 부른다. 또한 완전히 소변을 통하여 빠져나온다 해도 신장에 엄청난 부담을 주게 될 것이다.

갑상샘에 이상이 발병하는 조건은 유전 7%, 운동 부족 10%, 잘못된 식생활 30%, 스트레스 40%, 환경 및 기타 13%다. 그런고로, 위와 같은 조건들을 극복하면 된다. 그것이 어렵지 않다는 것이 또한 흥미 있는 일 아닌가~ 다시 말해, 올바른 식생활과 산행을 하면서 몸속을 청소하고 마음을 비우면 저절로 혹들이 줄어들 것이며, 설령 줄어들지 않는다 해도 인체에 아무런 해를 미치지 않게 될 것이다.

세상의 여러 의학은 갑상샘의 원인을 알 수 없다고 했지만, 탁해진 혈액과 림프액의 오염으로 발병함을 경험으로 알 수 있었다.

튀긴 음식, 구운 육류, 패스트푸드, 인스턴트식품 이러한 것을 절대 먹지 말 것을 권한다. 잘못된 식생활과 스트레스 때문에 발병했다면, 나쁜 음식들을 멈추면 서서히 인체는 회복한다.

갑상샘 환자를 만나면 먼저 장, 간을 청소케 하고, 육류의 섭취를 줄이고 해조류와 문어, 오징어 및 피(혈액)가 없거나 적은 생선 등을 먹게 했다. 그랬더니 대부분 좋아졌다.

[미국 오하이오주에는 바다 없는 주로 우리나라의 충청북도와 같

은 위치인데, 다른 많은 주와 달리 유독 갑상샘 환자들이 많았다고 한다. 그래서 그 원인을 찾으니 해조류를 다른 주에 비해 덜 섭취하였기에 오하이오주 모든 식당에는 해조류로 된 소금을 비치하게 했더니, 갑상샘 환자들이 확연히 줄었다고 한다.]

갑상샘암도 마찬가지다. 가만히 두어도 혈액을 맑게 하면 90세까지 몸에 해를 일으키지 않을 것이다.

[갑상샘 분비세포는 가운데 대부분이 교질로 이루어져 있고 바깥쪽은 여포세포로 둘러싸인 형태를 하고 있다. 교질의 대부분은 티로글로불린이라는 거대 분자이며 이 거대 분자가 요오드화되어 조금씩 잘려 나온 것이 갑상샘호르몬이다. 갑상샘이 제대로 기능하지 못하면 몸의 대사활동이 줄어들어 전반적인 기초대사량이 줄어들고 체온이 떨어지며 쉽게 살이 찌게 된다. 또한 에너지 공급량이 줄어들기 때문에 쉽게 피로해지며 지적 활동 능력 역시 떨어지게 된다. 이를 갑상샘저하증이라 한다. 반대로 갑상샘의 과다한 활동은 높은 기초대사율, 높은 체온, 몸무게 감소, 신경과민 등의 증상을 나타내며 심장에도 무리가 가게 된다. 이것은 갑상샘항진증이라 한다.]

[네이버 지식백과] 갑상샘 (시사상식사전, 박문각)

갑상샘 호르몬과 칼시토닌을 만들고 분비한다. 갑상샘 호르몬은 체온 유지와 신체 대사의 균형을 유지하는 데 중요한 역할을 담당하고 칼시토닌은 뼈와 신장에 작용하여 혈중 칼슘 수치를 낮추어주는 역할을 한다.

[네이버 지식백과] 갑상샘 [thyroid gland] (서울대학교병원 신체 기관정보, 서울대학교병원)

갑상샘 환자가 발생하지 않도록 예방할 수 있으며, 설령 갑상샘에 질병이나 암이 발병했다 하더라도 자연적으로 치유하는 이들이 더욱 많아지길 바라며, 환자들과 의학도들도 새로운 면역 요법과 새롭고 자연적인 방법들을 적극적으로 활용할 수 있었으면 한다.

암덩어리는 사람의 목숨을
앗아갈 수 없다!

　암이나 만성 질병들은 발병하기 전에 어떤 전조 증상을 미리 보여준다. 물론, 느끼지 못하는 경우가 많지만, 몸이 보내는 이상 신호를 잘 체크해야 한다.

　자주 체한다. 현기증이 자주 있다. 피로가 많이 쌓인다. 다리가 무겁게 느껴진다. 만사가 귀찮다. 체중이 갑자기 많이 빠진다. 신물이 자주 올라온다. 감기에 걸리면 오래 간다. 출혈이 자주 있다…, 등이 발현한다.

　암 환자들의 특징은 착하다, 내성적이다. 남에게 피해를 주지 않으려는 심성….

　또한, 암 환자들은 과일의 껍질을 잘 먹지 않는 경향이 있고, 까다로운 식성을 갖고 있었다. 포도 껍질, 감 껍질, 복숭아 껍질, 당근 껍질, 사과 껍질…. 이러한 것을 꼭! 먹을 것을 강력히 권한다.

　암 환자들은 오늘부터 과일 껍질을 골라서 찾아 먹어보시길, 이 또한 놀라움을 보여 줄 것이다.

　[얼마 전 2021, 10, 24 중앙일보에 실린 기사에는 "어떤 노인이

몸이 좋지 않아 병원에서 검진받으니 간암 말기에다 한 달밖에 못 산다는 사형선고를 받았다고 한다. 병원에서 어떤 치료를 할 시간이 없었을 것이다. 집으로 와서 맨발로 걷다 죽을 생각으로 걸었다고 한다. 그랬더니 한 달이 지나도 죽지 않았다고 한다. 그 후로 계속 맨발로 걸었더니 간암이 싹 나았다고 한다. 거기에는 또 다른 치료 사례들이 나오는데 믿을 만하다고 생각한다.]

2021. 10. 24 중앙일보 양종구 기자

[약 15년 전쯤에 부산에서 척추암, 유방암, 간암이 있는 61세 된 아주머니가 왔었다.

스스로 걸을 수 없을 정도로 기력이 없어 동생의 부축을 받으며 와서는 누워서 대화했다. 4월 말경 쯤 이었는데, 4~6개월 정도밖에 살 수 없는 말기 암 환자이었다. 최초의 암은 유방암이 있었는데, 계속 전이가 되고 방사선 8회를 하고자 했는데, 5회에 환자가 기력을 완전히 잃어 의료진들도 포기를 했다고 한다.

나는 지금보다 더 얕은 지식으로 그분을 대했다. 나의 지론은 그때와 지금 똑같다. 몸속의 독소와 노폐물들을 제거하고 혈액과 림프액을 맑게 하면 암을 비롯하여 만병을 다스릴 수 있다는 것이다.

몸속을 청소하게 하고 나에게 있는 몇몇 제품들을 복용하면서, 육류와 바닷고기를 먹지 말 것을 권했다. 추어탕과 다슬기국을 즐겨 먹을 것도 권했다. 특히나 맨발로 많이 걷고 사람이 없는 산에서 옷을 벗고 풍욕도 많이 할 것을 권했다. 그해 10월이면 죽는다는 6개월이었지만, 아주머니는 10월에 암을 이길 수 있겠다고 자신감을 전해주셨다.

그리고 6년쯤 지나 아주머니는 친척 집 돌잔치에서 아침에 바다 생선회를 먹고 갑자기 식중독을 일으키며 돌아가셨다고 아들이 전화가 왔었다. 지금도 암환자들은 절대 바다 생선회를 먹어선 안 된다고 권한다.]

지금 와서 곰곰이 생각해 봐도 내가 그 아주머니의 암 치료에 도움을 준 것은 녹즙, 장, 간 청소, 육류와 바닷고기를 먹지 못하게 한 것과 풍욕과 맨발로 걸으시라고 한 것이 도움이 되었지 않았을까?

암을 치료하기 위해선 혈액과 림프액 맑게 하는 것이 최고의 방법일 것이다. 여기에 무엇을 덧붙일 치료법이 존재할까? 방사선과 항암제 및 수술이 혈액과 림프액을 맑게 하는지? 의사도 환자도 묻고 또 물어야 한다.

의료 선진국에서 종양학을 다루는 많은 의사는, 방사선요법과 항암제는 치료 효과가 없고 오히려 2차 테러를 가하여 환자에게 심한 상처를 입히고 결국엔 목숨까지 위협하고 있다고 고백한다. 그러나 국내 암 전문의들 대부분은 방사선 몇 회, 항암 치료 몇 회, 이런 프로그램을 내밀고 있다. 착한 암이라며 방사선 약한 것을 몇 회 정도 하면 호전이 될 것이라 이야기하며 환자와 가족을 혼돈 속으로 몰고 가는 의료진도 많은 듯하다. 국내 암 전문의들은 항암제와 방사선의 2차 테러에 대한 부작용을 모르고 있을까? 알고 있다면 왜 항암제와 방사선을 선호할까?

암 환자들이 많이 죽었다. 또한 지금도 암과 사투를 벌이고 있는 이들이 많다. 그런데 암과 죽음은 어떤 연관이 있을까?

그리고 암이 발생한 원인을 정확히 규명한 의학이나, 의사가 없다는 것이 현실이다.

[당신은 이렇게 해서 이런 암이 발병하게 되었습니다] 이렇게 설명한 후, 소통하고 치료를 시작하는 의료진이 없다는 것이다. 나는 몸속에 혈액과 림프액이 파괴되어 암 환자들이 죽음에 이르게 된다고 본다. 이것의 다른 표현은 몸속에 산소가 부족해진 것과 같다. 산소가 부족해지면 부족한 부위마다 세포가 괴사한다. 산소가 왜 부족한가? 산소는 혈액 중 하나의 적혈구 속에 약 12억 개씩 분포해 있는데 이 적혈구가 건강하게 활동하고 몸속 구석구석까지 잘 전달되어야 몸이 아프지 않고 삶이 영위되는 것이다. 산소가 부족해 짐은 반대로 혈관이나 몸속에 독소 물질들이 많아진 것과 같은 맥락이다.

암 치료의 잘못된 점은 암을 일으킨 원인은 덮어두거나 모른 채 나타난 혹 덩어리만 무차별 공격하는 것이다. 머리가 빠지고, 기운이 나락으로 떨어지고, 음식을 먹지 못하고, 왜 그렇게 해야만 하는가? 암 덩어리를 그냥 둔 채 90세까지 전보다 더 건강하게 살 수 있는 의학과 의술은 어디에 있는가?

나는 암의 발원지는 스트레스와 잘못된 식생활로 보며, 두 원인이 심화되어 혈액이 깨어지고 림프액이 탁해져 산소부족 현상이 나타나 신체의 취약 부위에 혹 덩어리가 생성된 것이라 주장한다. 또한 암은 어쩌면 혈전(어혈) 때문에 암이 발병하였다고 해도 과언이 아니라 본다. 어혈(혈전)이 얼마나 분포돼 있는지, 산소부족이 얼마나 되는지, 그것을 정확히 알아내는 것이 암 치료의 변곡점이라 본다. 놀라움을 찾을 수 있는 것은 암 환자들을 사혈(瀉血)한 사람들의 이야기를 들어보면 피 엉겨 붙기 그렇게 심하다는 것이다. 첨단의 기계 검사와 상관없이 엄청난 혈전들이 있다는 것이다. 나 역시 암 환자들의 혈액은 어혈이 가득함을 경험하였고, 그냥 맨눈으로도 몇 군데를 살피면 알 수 있다. 이런 중요한 사실을 현대 의학은 놓치고 있다.

나뭇잎이 마르면, 나뭇잎만 따서 연구하는 격이다. 뿌리에 어떤 문제가 있는지, 가지에는 문제가 없었는지, 찾아보지 않는다.

나는 암이 발병하기 위한 필요충분조건은 [유전 7, 운동 부족 10, 환경 및 기타 13, 잘못된 식생활 30, 스트레스 40...(%)]라고 본다.

스트레스를 많이 받으면 아드레날린 호르몬이 과다 분비되고 과립구가 많아지고 젖산, 활성산소, 코르티솔, 이산화탄소 등의 유독 물질들이 혈관에 많아져 적혈구와 림프액이 파괴되고 변질되는 것이다. 그런고로, 환자에게 암 덩어리가 발견되면 방사선, 칼, 독극물(항암제)로 제거하고자 혈안이 되지 말고, 어떻게 하면 암 환자의 혈액과 림프액을 맑게 할 것인가에 포커스를 맞춘다면 암 환자들을 죽음으로 쫓겨가게 하지 않을 수 있을 것이며, 암을 정복하고 의학을 한 단계 상승케 했을 것임을 확신한다.

왜 암 환자들에게 방사선과 칼과 화학요법으로만 다스리려 하는가!

암 덩어리와 친구 하며 90세 이상까지 건강한 삶을 살게 할 수 있는 의학! 그런 의학이 반드시 가능하다고 보며, 면역력을 찾아주고 혈액과 림프액을 맑게 할 수 있는 방법들을 취하면 매우 가능하다고 본다. (96세까지도 건강하신 지미 카터 대통령, 흑색종 암, 면역력 요법)

의학과 의술과 의사가 존재하는 것은 병자의 혈액과 림프액을 맑게 하고 몸속에 독소와 노폐물들을 제거하기 위함이다. 그 이상도 그 이하도 아니다.

암 환자들에게 방사선을 몇 회 해야 합니다. 항암 치료를 몇 회 해야 하며, 절대 자기들의 말을 따라야 한다고 엄포를 놓는 의사들도 있는 모양이다. 너무 안타까운 의학도들이다.

코스메틱한 사실은 암 치료를 담당하고 있는 의사들은 정작 자신들이 암에 걸리게 되면 수술, 방사선, 항암제를 사용하지 않을 것이라는 답이 91% 된다고 한다.

즉, 암 치료 의사 10명 중 9명은 본인들이 암에 걸렸을 때, 현재의 수술, 방사선, 항암제를 사용하지 않겠다고 답을 했다고 한다.

[의사들의 암 치료법은 마치 유리창에 앉은 파리를 망치로 때려 잡는 것과 같다. 파리를 잡는 일은 성공할지는 모르지만, 유리창은 어떻게 되겠는가?]

　　　　　　　　　　　　　　　　- 런던 성마리아 병원의 [페트릭 피에트로니] 박사 -

[의사는 수술받지 않는다.]란 김현정 의사의 책도 한 번쯤 읽어보실 것을 권하고 싶다.

암은 산소부족이라는 이론은 100년 전에 독일인 "오토 바로부르크"란 분이 주장하였고, 또 일본 돈 천 엔에 있는 "노구치 히데오"란 분이 주장한 적이 있었다. 그분들의 이론이 지금 와서 보니 훌륭했다는 생각이 든다.

적혈구가 깨어져 산소가 부족해지면 당연히 모든 세포가 피폐케되고 DNA마저 손상을 입게 되고 림프구가 변질되어 어느 특정 부위에 세포들이 괴사하며 혹이 만들어지는 것이다. 이것이 "암"이다.

암 환자를 만나면 "언제 스트레스를 심하게 받았습니까?" 반드시 물어봐야 한다.

새로운 암 대처법은, 면역력을 강화하는 것에 있다고 본다.

면역력을 회복하게 하려면 먼저 몸속을 청소하는 것이 우선일 것이다. 몸속 청소에는 간과 장, 신장, 폐도 청소하고 청소할 수 있는 부분은 청소해 주어야 할 것이다. 이것이 모든 치료의 근본이요, 출발선이 되어야 하는데, 영순위 치료법을 모른 채 출발선이 잘못되었기 때문에 위험에 빠지고 죽음으로 내몰리지 않을까 추측해 본다.

암 덩어리만 보고 사람을 보지 못하면 안 된다. 우리나라의 의학 패러다임도 바뀌어야 한다.

암 환자들에게 권하고 싶은 것은

첫째, 절대 정크 푸드를 먹어선 안 된다고 주장한다.

패스트푸드, 인스턴트식품, 튀긴 음식, 구운 육류, 밀가루 음식

(통밀가루 제외), 기름으로 볶은 음식, 우유와 유제품 등을 필히 피해야 한다. 잡곡밥을 즐겨 먹고, 생고구마와 생당근을 매일 먹을 것을 권하며, 추어탕이나 다슬기 국도 자주 드실 것을 권하며, 앞서 이야기한 것처럼 과일을 껍질째 자주 드실 것도 권한다.

다음은 운동이다.

많이 걸어야 한다. 그리고 또 걸어야 한다. 맨발로 걸어 한 달의 시한부 선언을 받은 노인이 암을 완치한 사례를 모두에게 알리고 싶다.

또, 모든 환자에게 권하는 특별하지 않은 특별한 운동을 권한다. 그것은 구르기 운동이다.

팔을 위로 해서 얼굴을 감싸고 옆으로 구르고, 또 반대로 구르고, 그리고 또 앞뒤로 구르고…. 온몸이 흔들리고, 우주도 흔들린다. 그래서 모든 기능을 흔들어 순환되게 하는 것이다.

너무 빨리하면 어지럽다. 천천히 자기 몸에 맞게 잘하면 어느 때부터 놀라움이 일어날 것이다.

다음은 잠을 잘 자야 한다.

아이가 크는 것도 잠을 잘 때이며, 피로를 해소하는 것도 잠을 잘 때이고, 면역 세포가 우리 몸속의 유해 물질을 섬멸하고 암세포를 공약하는 때도 잠잘 때이다. 몸을 정화하고 새로운 에너지를 교체하는 때도 잠잘 때이다. 그러므로 암 환자들은 특히 잠을 잘 자야 한다. 되도록 혼자 자는 것이 좋으며 절대로 잡생각이나 암에 관한 생각을 내려놓아야 한다. 또한, 잠들기 전에는 반드시 주문을 외울 것을 권한다. "나는 내일 더 좋아질 것이다."

나는 암 환자들에게 도움이 될 만한 제품을 만들었다. 쑥, 박주가리, 부추, 무청, 치커리, 민들레, 엉겅퀴, 씀바귀, 뽕잎 등의 잎을 저온에 말려 자연이 갖고 있던 성분들을 되도록 온전히 보전하여 환으로 만들었다.

암 환자든, 만성질환의 어떤 환자이든, 자연의 위대함을 보여주리라 믿는다.

국내에서도 조기 검진 때 방사선에 노출된 사람들이 나중에 암에 걸릴 확률이 높다고 최근에야 발표하였다. 외국에서는 오래전부터 그러한 연구 결과를 발표하고 조기 검진의 피폐를 우려하며 대처하고 있는데, 한국에서만 유독 그렇게 조기 검진을 강조하고 또 많은 이들이 건강 검진에 매진하고 있다. 한국에 유독 암 환자들이 많은 것은 조기 검진의 영향도 있지 않을까 의심하지 않을 수 없다.

세계적인 종양학 의사들이 수술, 방사선, 항암제가 암을 치료할 수 없음을 인정하고 새로운 방법으로 암을 제압하는 방법들을 소개한 책 「암을 고치는 미국 의사들」이 서점에서 판매되고 있다.

그리고 일본인 후나세 순스케"란 분은 「항암제로 살해당하다」란 책을 출판해 있다. 또 최근에는 「퍼스트 셀」이라는 책이 출판되어 있다. 관심 있는 분들은 사 보시면 된다.

암을 비롯하여 각종 질병이 발병한 것은 정기적으로 몸속을 청소해 주지 않았기 때문이며 또, 사혈도 바르게 받지 않았기 때문일 것이다.

사혈을 해 보면 암 환자들은 혈액이 너무 탁하고 혈전(어혈)이 많다.

올바른 사혈은 혈액 순환은 물론 새로운 호르몬, 새로운 혈액이 만들어질 수 있도록 환경을 만들어주는 것이다. 암 숙주들을 제거하는 데 사혈이 최고 제일 나은 방법임을 언젠가 알게 되리라.

또, "사이토 마사시" 교수의 연구에는 사람의 정상 체온인 36.5도에서 1도 체온이 올라가면 면역력이 5~6배 정도 높아지고, 반대로 체온이 1도 내려갈 때마다 면역력이 30%씩 줄어든다고 한다.

환자들의 몸은 모두가 냉(冷)하다. 그런고로 항상 따뜻하게 잠을 자야 한다.

혈액 순환이 온전치 못하면 혈액을 생산하지 못하고 조혈(造血)이 원활치 않으면, 산소 가득한 혈액을 공급받지 못한 심장은 점점 기능이 약해져 암 덩어리와는 상관없이 죽음으로 쫓겨가는 것이다. 또한 심장이 펌프질하려 해도 혈관 속에 나쁜 물질들이 많아 혈액이 밀려 나가지 않으면 결국 심정지(心停止)로 가는 것이다.

미국 대통령을 지낸 "지미 카터" 대통령은 고령의 94세에 암 완치 선언했다. 그분의 치료법은 수술이나 방사선, 항암제보다는 면역 요법이었다. 백혈구에 속하는 세포를 활성화시켜 우회적으로 면역 세포가 암을 공격하게 하는 방법이다. 인체에 해가 없다는 것이 특징이다. 흑색종이 간과 뇌에 전이되었음에도 면역 요법을 시행해 암 완치 선언을 할 수 있었다.

일본의 어떤 의료기관에서 2000년부터 2004년까지 말기 암에서 완치된 101명의 환자를 상대로 조사한 결과 의사의 도움으로 암이 완치된 것은 0.03%, 운이 좋아서라고 답한 경우 0.05%, 채식 위주의 식생활로 암이 완치된 것이 25%, 긍정적인 생각으로 암을 완치한 것이 35%로 나타났다고 한다.

우리도 암이나 다른 질병 치료에 진실을 밝혀야 하고, 새로운 패러다임이 있어야 할 것이다. 그리고 환자들도 새로워져야 할 것이다. 방사선, 항암제가 오히려 몸속의 산소나 환경을 더욱 악화시킬 수 있고 생명을 위협할 수 있음을 바르게 알아야 할 때이다.

신우섭이란 의사분이 책 표지에 훌륭한 문구를 적어 놓았다.

"고치지 못할 병은 없다. 다만 고치지 못하는 습관이 있을 뿐이다."

암 환자들에게 늘 전하고 싶은 메시지다.

우리나라에 암 환자들이 전에 없이 많아지고 있다. 그 이유는 무엇일까?

스트레스를 잘 받는 성향이 있기 때문이다. 남을 바르게 인정하지 않는 것, 좁은 환경, 1등 만능주의, 게임 문화, 양약의 호남용, 화병이 결국엔 암 덩어리로 변형될 수 있다고 본다. 또한, 패스트푸드, 인스턴트식품 같은 정크 푸드를 즐겨 먹고 서로 치열한 경쟁을 하며 좁은 환경과 좁은 사고력 "빨리빨리"라고 외치며 인체를 스스로 무너뜨리고 있다. 여러 나쁜 요인들이 인체 내부로 전달되어 욱하는 사람들이 많고 성격이 조급하고, 넓은 사고를 하는 사람들이 적다. 마음의 병이 육체의 병이 되는데, 그때그때 바르게 제거해 주지 않은 것도 원인 중의 하나일 것이다. 이제 사람들의 사고와 행동이 바뀔 수 있도록 조기 검진이 아니라, 조기 예방법을 시행할 때라고 본다. 그때그때 몸속을 청소하며 독소와 노폐물들을 제거해 주면 암이나 중병들을 확연히 줄일 수 있을 것이다. 암이나 중병들을 미리 막기 위해 절실히 필요한 것이 장, 간을 청소하고, 사혈을 받고, 잠을 잘 자고, 음식을 바르게 섭취하는 것이라고, 나는 소리 높여 외치고 있다. 또, 너무 잦은 건강 검진도 오히려 암 발생에 영향이 없지 않다고 본다. 털을 불어 흉터를 찾아내 화(禍)를 만들 수도 있다는 얘기다. 많은 이들이 MRI, CT 등의 방사선에 노출되면 암 발병률이 높다고 경고한다. 이익을 추구하는 여러 의료기관이 계속 조기 검진, 정기적인 검진을 강요한다. 잦은 검진으로 암이 발생할 수 있다고 경고를 바르게 하는 의료진이나 정부 기관도 드물다. 너무 안타깝다.

나는 말한다.

암은, 잘못된 식생활과 스트레스가 주요 원인이라 늘 외치고 있다. 물론 나쁜 환경도 직접적인 암의 원인이 되는 예도 없지 않다. 방사선에 노출, 석산이나 아스콘 공장 옆 등. 그러므로, 평소 식생활이 매우 중요함을 새삼 깨우쳤으면 좋겠다. 그러나 국내의 많은 암 전문의들은 음식에 대한 연관성을 논하는 의사들이 별로 없으며 또, 암은 수술이나 방사선, 항암제 외에 새로운 대안을 제시하는 이들도 드물다.

"러셀 블레이락 박사" 암 전문의의 말 [의사들은 어차피 암을 치료하지 못합니다. 지금 병원에서 행하는 항암 치료와 방사선, 치료로는 암 환자를 살려내지 못해요. 그들도 그 사실을 알고 있으므로 조기 진단의 중요성만 강조하는 것이다.]

현대 의학은 오래전부터 암 환자들에겐 특별한 바이러스가 존재할 것으로 생각하고 매일 혈액을 채취하여 연구에 연구를 거듭했고 지금도 그러하다. 그러나 지금까지 아무리 기능이 뛰어난 현미경으로 살펴도 특별한 바이러스는 발견되지 않았다. 반대로 매일 뽑아가는 그 검사용 채혈로 체력이 고갈되면서 급격히 황폐한 환자로 변해가고 있다.

우리는 이제 암을 다른 방향으로 대처해야 할 때가 되었다고 본다. 즉, 의학의 패러다임이 바뀌어야 하고 환자들의 생각도 바뀌어야 한다.

[어떤 할머니는 올해 80세쯤 되었을 것이다.

그 할머니는 54세쯤 유방에 암이 있어 한쪽의 유방을 적출하시는 수술을 받으셨고, 13년이 지난 후에는 대장암이 또 발병하여 대장 일부를 절제하는 수술을 받으셨고, 3년 뒤에는 또다시 간에 암이 전이되어 부분 절제 수술받으셨다고 했다. 그런데도 할머니는 아주 건강한 모습이시고, 또 앞으로도 90세까지 건강하실 것 같은 모습이셨다. 그래서 내가 여쭈었다.

"할머니께서는 3번의 대수술을 받으시고도 이렇게 건강하신 비법이 무엇입니까?"

할머니가 말하기를 "박 선생님 비법을 가르쳐 줄까요…?" 침을 삼키며 그 할머니의 비법을 입력고자 조용히 들었다. 그 할머니의 비법은 수술은 하되 절대 방사선이나, 항암제 및 항암 치료받지 않으셨다고 했다.

매번 수술이 끝나고 회복하면 곧장 퇴원하셨고, 음식을 정갈하게 드시고, 매일 1시간 이상씩 걷고, 족욕 그리고 생강과 대추를 달여 하루에 여러 차례 복용하셨다고 가르쳐 주셨다.]

지금도 건강하실 것이다.

[2017년 여름에 비구니스님(여스님)이 한 분 오시었다. 나이는 지금쯤 50전후로 보였다. 키는 165cm 정도. 2015년인가? 겨드랑이 림프샘에 암이 심하여 왼쪽 팔이 올라가지 않았고 유방에 암이 2.7cm 크기로 발병했다고 한다. 국내 최고 대학 병원에서 검진하였고 수술을 권했으나, 스님은 모든 것을 접고 (핸드폰 번호도 변경) 조용히 지인이 있는 제주도에 몰래 가시어 혼자 생활하며 이미 몸을 부처님께 맡기신 것이며, 생과 사를 조용히 관망하시려 했다고 한다. 그러면서 평화롭게 생활하시고 자유롭게 걷고, 틀에 박혀 타이트한 생활에서 벗어나 마음을 더욱 평화롭게 하니 어느 정도 시간이 흐르니 팔도 자유자재로 움직이고 몸이 전보다 훨씬 좋아지셨다고 했다.

다시 S대 병원에서 검진한 결과 겨드랑이 림프샘에 있던 암은 완전히 없어지고, 유방에 있던 암도 많이 줄었다는 검진 결과를 받으셨다고 한다.

나는 그 이야기를 너무 흥미롭게 들었다. 그리고 나의 제품도 갖고 가셨다. 아마 지금쯤 더욱 건강히 계실 것이다. 그분은 암을 물리칠 방법을 터득해 있으셨다.

만약, 그분이 의료진들의 요구대로, 수술하고 항암 치료했다면 그분은 이 세상 사람이 아니거나, 죽음의 언덕에 막 오르려 헐떡이고 있었을 것이다.]

1) 스트레스 관리

2) 올바른 식생활

3) 맨발로 걷기, 풍욕, 구르기 운동

4) 장, 간 및 신장의 청소

5) 사혈

6) 화학적인 약품 피하기

7) 매일 한 번 이상 웃기

8) 족욕으로 땀내기

9) 매일 간식으로 고구마와 당근을 생으로 많이 드실 것

10) 생강 효소와 대추를 삶아 1:1로 자주 음용하기

암…. 그것 별것 아니다.

스트레스를 물리치고 혈액과 림프액을 맑게 하며 몸속에 독소와 노폐물들을 잘 청소해 주면 암 덩어리도 끝까지 말썽을 일으키지 않는다.

수술과 방사선, 항암제의 틀에서 벗어나 곰곰이 생각해 보시라. 의학이 바뀌어야 하고 우리들의 생각도 바뀌어야 한다. 암 덩어리와 친구 하며 99세까지 팔팔하게 살 수 있으시길…!!!

♤♠♤

마음의 병이 육체의 병이 된다네!

마음속의 욕심과 번뇌도 비우고

몸속의 독소와 노폐물들도 비워보세!!

그리하면 어느 날 선인(仙人)들이 벗하며

찾아들지 않겠나!!!

만병동일설(萬病同一說)

만병(萬病)은 같다! 단지, 발생 부위가 다를 뿐이다!!

이것이 나의 지론이요, 철학이요, 외침이다.

좀 더 구체적인 표현은 유방암과 당뇨병은 같은 공통의 분모를 갖고 있다는 얘기다. 유방에 암이 발병한 것은 림프절을 비롯하여 유방에 세포가 괴사하거나 침전물이 모여 혹 덩어리가 생성된 것이고, 당뇨병은 췌장의 기능이 떨어진 성인들에게 흔한 질병인데, 이 두 질병을 같다고 하니 황당하게 생각하실 분들이 많으실 것이다. 그러나 이 두 질병 원인의 실체를 찾아 껍질들을 벗겨내면 결국엔 혈액이 탁하고 림프액이 변질한 것에 귀착되기 때문이다. 유방암과 고혈압은 같은 원인이며, 고혈압과 심장병은 같은 원인이고, 무릎이 아픈 것도 마찬가지요, 허리가 아픈 것은 대부분 신장 기능이 약한 경우가 다반사며, 허리 디스크(척추질환)에 이상이 발명한 것도 결국에는 혈액과 림프액이 탁해서 발병한다고 본다.

혈액과 림프액이 탁하고 오염되어 산소와 영양분을 충분히 공급하지 못하니, 만병(萬病)이 발병한 것이다.

만병에 나는 질병 발병의 공식을 대입시킨다. 유전 7, 운동 부족 10, 환경 및 기타 13, 잘못된 식생활 30, 스트레스 40(%)라고 본다.

각종 암이든, 만병에 이 공식을 대입시키면 원인을 스스로 찾을 수 있을 것이며, 치료 방법도 스스로 잘 선택할 수 있는데 도움이 되었으면 한다.

코로나와 당뇨병은 같은 병이다. 이렇게 보면 안된다.

코로나는 특이하고 바이러스로 인한 질병이고, 당뇨병은 만성질병의 하나다. 그러나 면역력을 생각하면 두 질병이 공통점이 없지 않은 것도 사실이다.

만병이 같다면 잘 대처하는 방법도 알아보자.

첫째는 사혈을 권하고 싶다.

사혈은 죽은 혈액을 뽑아낼 수 있다. 만병의 근원이 혈관 속에 나쁜 독소 물질들이 갑자기 많이 분포하고 죽은 혈액 덩어리 때문이라 과언이 아닐 것이다.

올바른 사혈은 활성 산소나 이산화탄소 같은 독소 물질과 죽은 혈액을 뽑아내어 혈액 순환을 원활하게 하고, 새로운 혈액이 만들어질 수 있도록 환경을 만들어 주고 또, 새로운 호르몬이 생성될 수 있도록 하는 데는 어떤 의술이나 약들보다 비교 우위에 있기 때문이다. 그러나 좋음에 취하여 자주 한다거나 너무 많은 혈액을 뽑아내면 오히려 역효과가 나서 위험해질 수도 있다. 시간의 간격과 양을 잘 조절하는 것이 매우 중요하다.

다음은 몸속을 청소할 것을 권한다.

우리는 매일 샤워며 양치질한다. 그런데 몸속을 정기적으로 청소하는 이들이 별로 없다.

노인이 되어 초췌해지고, 질병이 발병하고, 기억력이 떨어지고, 성격이 조급해지는 것조차도 정기적으로 청소를 해 주지 않았기 때문이라 본다.

산행하고 헬스장에서 갖가지 운동을 하고, 아침과 저녁에 운동장을 돌고, 여러 건강보조식품을 찾아 복용하는 이들이 많지만, 몸속을 정기적으로 청소하는 이들이 드물다.

기계나 자동차를 오래 잘 사용하려면 청소도 하고 오일도 정기적으로 갈아 주어야 한다.

인체도 이와 같다. 장, 간, 신장, 폐 등을 정기적으로 청소하는 가성비 좋은 사람, 무엇이 우선이고 무엇이 중한지를 잘 판단하고 실행해야 한다.

다음은 올바른 식생활을 권한다.

인체는 음식으로 만들어지고 유지해간다고 해도 과언이 아닐 것이다. 패스트푸드나 인스턴트식품 같은 정크 푸드를 즐겨 먹고 질병이 발병하지 않는다면, 그것이 이상한 일이라 본다. 또한 우울증, 조현병, 자살지향적인 마인드, 분노조절호르몬 부족, 틱장애 등도 잘못된 식생활에서 출발한다고 나는 굳게 믿고 있다. 심지어 이혼의 사유도 잘못된 식생활에서 출발한다고 주장한다.

나쁜 음식을 자주 섭취하면서, 몸과 정신이 올바르게 되리라고 생각하면 그것이 잘못된 생각이다.

휘발유를 넣어야 할 엔진에 디젤이나 이상한 오일을 주입하고 운행을 하면 차가 어찌 될거나!

서양 속담에는 [당신이 먹은 것이 당신을 말한다.]란 말이 있다. 내가 늘 애용하는 문구이다.

암을 비롯하여 각종 질병이 발병하는 것은 잘못된 식생활이 30% 나 직접적인 원인이 된다고 주장한다. 올바른 음식을 잘 섭취해야 99세 이상까지 건강한 육체와 멘탈을 가질 수 있다.

다음은 운동이다.

운동은 새삼 이야기할 필요가 없다. 무병장수를 위하여 절대적인 조건은 걷는 것이며, 걷는 것을 게을리하면 안 된다. 특히나 맨발로 황톳길이나 산길을 걸어볼 것을 권한다.

나는 만병의 원인을 같다고 보기에 치료나 예방법 역시 동일선상에 둔다.

각종 암과 고혈압, 당뇨, 뇌졸중, 심장병, 신장질환, 관절염, 갑상선 등 만성질병에는 똑같은 처방이 필요하다는 이야기다. "선생님 저희는 질병이 각기 다른데 어떻게 똑같은 처방을 권하느냐고?" 질문하는 이들이 대부분이다.

몸속의 독소와 노폐물들을 제거하고 혈액과 림프액을 맑게 하는 것이 의학과 의술이 할 수 있는 최고 최선의 길이기에 암을 비롯하여 모든 질병에는 공통된 처방법이 필요하다 본다.

영양의 과다 섭취, 잘못된 식생활, 환경 오염, 양약의 호남용, 운동 부족, 스트레스 등에 의하여 혈액이 오염되고 림프액이 혼탁해지면, 그 혼탁한 혈액이 스며드는 곳마다 세포들이 통증을 일으키고 이상 반응을 일으키는 것이 질병인데, 통증이나 혹 덩어리가 발생하면 발병 원인도 밝히지 않은 채 방사선과 칼과 화학약품으로 무차별 공격을 가한다. 혹을 떼어내고 화학적인 약을 쓴다고 오염된 림프액과 혈액이 맑아지겠는가!!!

반대로, 오염되고 혼탁한 혈액과 림프액을 깨끗하게 할 수 있다면 암이 아니라, 그 어떤 질병들도 치료될 수 있으며, 인체 내의 모든 세포도 재생하고 꽃을 피울 것이다.

의학과 의술이 가야 할 길은, 외부의 충격이나 물리적인 힘으로 다친 것 외에는, 모든 이들이 잠을 잘 자고(快眠), 음식을 잘 먹고(快食), 대소변을 잘 보며(快便), 건강한 가정생활과 건강한 사고를 지향할 수 있게 하는 것에 있다 본다.

만병은 같다!

단지 발생 부위가 다를 뿐이다.!

당뇨병의 올바른 이해와 치료

켄터키 주 렉싱턴 재향군인회 센터에서 활동하고 있는 의사 제임스 앤더슨은 인슐린으로 혈당을 조절하는 제1형 당뇨 환자 25명과 제2형 당뇨 환자에게 무가공 채식 위주의 식이요법을 시행했다. 그 결과 3주 만에 제1형 당뇨 환자들은 그들이 복용하던 인슐린 용량을 평균 40%를 줄일 수 있었다. 그리고 제2형 환자 중 24명은 3주 만에 인슐린 투여를 완벽히 중단할 수 있었고, 가장 중증인 나머지 1명은 8주 만에 인슐린을 중단할 수 있었다. 영양학자인 프리티킨도 채식 요법으로 26일 만에 34명 전체를 인슐린으로부터 해방시켰다. 현대 의학이 불치라며 평생 당뇨병 치료제로 혈당 수치를 조절해야 한다는 당뇨병 환자를 과일과 채소로 8주 만에 완치시킨 것이다.

책 「병원에 가지 말아야 할 81가지 이유」 중에서

또 어떤 목사님은 많은 경험을 이야기하신다.

당뇨병은 밀가루 음식과 육식을 하지 않으면 6개월쯤 되면 저절로 거의 치료되더라고 이야기하신다.

나는 그분의 이론과 경험을 의심하고 싶지 않다. 성인이 되어 발병하는 당뇨병 환자들의 공통점은 모두가 혈액이 탁하다는 것이다.

또 하나는 몸속에 독소와 노폐물들이 많다는 공통점이 있었다. 당뇨병이 발병하고 나면 또, 여기저기 탈이 난다. 혈액과 림프액이 탁하니 곳곳마다 통증이요, 질병이 발병하는 것인데, 잘못된 의학은 무조건 당뇨합병증이라 치부해 버린다. 당뇨합병증을 유발하는 최대 원인은 당뇨약이라는 합성인슐린이 아닐까 추측해 본다.

현대인들의 당뇨병 원인은 약 85% 이상이 인슐린 저항성당뇨다.

인슐린은 혈액 속에 정상적으로 분포해 있는데 인슐린의 활동을 방해하는 요인들 때문이다.

인슐린의 활동을 방해하는 요인들은 혈관 벽에 쌓인 노폐물들과 혈전, 활성산소, 플라크, 이산화탄소, 젖산 등과 오염된 림프액이다. 그래서 당뇨병 치료에 가장 선행되어야 조건이 몸속 청소와 사혈이라 본다.

현재 사용되고 있는 당뇨약의 메커니즘을 살펴보면 첫째, 인슐린 분비 촉진제 둘째, 인슐린 저항성 개선제 셋째, 장에서 당의 소화를 억제하고 흡수 지연하여 식후에 혈당을 조절하는 제품 등이 있다.

현재 세계적으로 판매되고 있는 약 중에서 췌장의 기능 회복에 포커스가 맞추어져 있는 제품은 없다. 단지 합성인슐린이라는 화학적인 약과 주사제가 전부이기에 식이요법과 운동이 대세를 이루고 있다.

합성인슐린을 장기적으로 복용하면 사용되고 남은 잉여분이 몸에 축적되어 저혈당증을 유발하여 위험을 불러오기도 하고 다른 질병들을 유발하는 촉매제가 되며, 신장(콩팥)에 심한 압박이 된다. 합성인슐린을 장기간 복용하다 다른 질병들이 발병하면 현대 의학은 당뇨합병증이란 말로 얼버무린다. 당뇨합병증을 나는 "약물 중독증"이라 표현한다.

합성인슐린(당뇨약)을 계속 복용하면 췌장은 할 일을 잃어버리고, 인체는 혼돈 속에 빠지고 췌장은 영양을 공급받지 못하며 인슐린보다 더 소중한 호르몬들(글루카곤, 소마토스타틴, 키모트립신)의 생산도 멈추기에 또 다른 질병들이 발병하며 인체는 서서히 무너지는 것이다. 당뇨약의 늪에서 벗어나야 한다.

혈관과 혈액과 림프액을 맑게 하고 췌장의 기능을 회복시켜야 당뇨병의 근원 치료의 기쁨을 얻을 수 있다.

당뇨병 환자들에게 [오늘부터 당뇨약을 끊어야 합니다] 이야기하면 이구동성으로 합병증을 이야기한다. 머리에 세뇌가 되어 있다.

아무튼, 당뇨병을 유발하는 원인을 알아보자.

나는 당뇨병을 일으키는 원인으로는 8가지가 있다고 오래전부터 주장해 오고 있다.

첫째, 유전

성격도 얼굴도 체형마저도 나이가 들면 부모님을 닮아 간다. 질병도 그럴 확률이 없지 않다는 것이다. 그러므로 모든 질병에 유전을 7% 정도 인정하는 것이다.

둘째, 과체중

몸이 뚱뚱하면 혈관이 좁아진다. 그러면 췌장 쪽으로 영양분 공급이 어려워지며 인슐린의 생산과 준비 및 흡수 처리 과정도 어려워진다. 과체중은 모든 질병을 초래할 수 있음을 간과해서는 안 된다.

셋째, 스트레스

만병의 근원은 스트레스다. 심한 스트레스에 의하여 당뇨병이 발병한 사람들이 많다. 스트레스는 혈액과 림프액은 물론 모든 세포를 파괴할 수 있다.

암의 원인도 스트레스요, 당뇨병의 원인도 스트레스며, 만병의 원인도 스트레스다.

넷째, 육류의 과다 섭취

육류를 과다 섭취하면 당뇨병이 발병하게 되는데, 이때 오는 당뇨를 크산투레산당뇨 이렇게 표현한다.

육류를 섭취하면 몸속에서 단백질로 흡수된다. 그 단백질 중에 일부를 트립토판이라고 칭한다. 이 트립토판은 비타민 B6가 필요로 한데 이것이 부족하면 온전히 흡수되지 못하고 떠돌다 변형된 물질, 그 물질을 크산투레산이라고 칭한다. 이 크산투레산은 독소물질이다. 이것이 혈당을 끌어올리는 글루카곤 호르몬을 잘 생성되도록 돕기도 하고, 혈액을 탁하게 하고 흐름을 방해하는 것이다.

육류를 섭취할 때 채소와 과일 등을 많이 섭취해야 하며 당뇨병을 앓고 계신 분들은 육류의 섭취는 반드시 삶은 것으로 드시고 또, 저녁에는 육류를 먹지 말 것을 권한다.

다섯째, 밀가루 음식과 술 (청량음료) = 저혈당증 당뇨병

한 번도 뚱뚱해 보지 못하고 마른 사람에게서 나타나는 당뇨병을 저혈당증 당뇨라 칭한다. 몸속에 축적된 영양분이 부족하여 췌장에서 인슐린을 만들어 낼 원료를 공급받지 못한 상태라고 표현한다.

이러한 분들은 밀가루 음식과 술이나 청량음료를 마시지 말아야 한다.

여섯째, 바위와 벌레

사람들에게 바위 때문에 당뇨병이 발병한다고 하면, 모두가 의아해한다.

담도와 췌관은 합쳐져 십이지장에 연결되어 있는데 여기에 콜레스테롤 찌꺼기나 담석이 있으면 당뇨병이 발병하는 것을 말하며, 이 콜레스테롤 덩어리는 의학적 카메라에 잡히지 않고 있는 듯하다. 또, 벌레라는 것은 췌장의 세포에 기생하며 인슐린을 훔쳐 먹는 벌레를 칭하는데 그 이론을 나는 믿고 있다.

일곱째, 간 기능 저하

간의 기능이 떨어지면 GPT, GoT 등의 수치나 검진으로 알아보기 전에 느낌이 온다.

간 기능이 떨어지면 영양분 대사에 문제가 발생하고 또, 간에서 췌장 쪽으로 영양분을 공급하는 것도 역부족이 된다.

간에서 담즙이 콸콸 내려와야 췌장의 호르몬도 원활하게 분비되는데, 간 기능이 떨어져 담즙이 약하게 분비되면 상대적으로 인슐

린도 약하게 분비될 수밖에 없다.

간경화나 간암이 악화되면 정상이던 당뇨 수치가 갑자기 500 이상 나타난다. 이것은 무엇을 뜻하는가? 간 기능과 당뇨병과는 밀접한 관계가 있음을 증명하는 것이다. 현대 의학은 간 기능 저하와 췌장 기능 저하의 연관성에 크게 관심을 가지지 않는 듯하다.

당뇨병은 간 기능 저하증이라고 주장한 지 오래다. 그래서 간 기능을 활성화해보면 당뇨병에 대한 나의 이론을 인정하게 될 것이다.

여덟째, 인슐린 저항성 당뇨

혈관 속에서 인슐린의 활동을 방해하는 요인들을 철저히 제거해주어야 한다. 인슐린 활동을 방해하는 요인은 앞서 설명해 놓았다. 참조해 보시길...

당뇨병을 가진 이들이 엄청나게 많다고 한다. 그런데 거의 당뇨약에 의존하고 있다. 약을 먹어야 혈당이 조절되어 위험에 빠지지 않는다고 생각한다. 당뇨약을 끊으니 심장이 빨라지고 뒷골이 당기며 눈이 아프고, 숨이 가빠진다는 사람들이 많다. 약물에 절어 있는 사람들이다.

나는 장, 간을 청소한 후에 당뇨약을 줄여가며 서서히 당뇨약의 늪에서 벗어나게 한다. 나는 췌장의 기능 회복에 포커스를 맞추고, 인슐린 저항성 물질을 줄이는 데 최선을 다한다.

당뇨병에 최대 대처법은 첫째가 사혈이라 본다.

둘째, 장, 간을 청소하는 것이다.

셋째, 올바른 식생활

넷째, 맨발로 걷기

다섯째, 녹즙 복용 하루 2~3회

위와 같이 4가지를 6개월 정도 실행했을 때 당뇨병이 치유되지 않는다면 그것이 이상한 현상이라 본다.

우리들의 의식과 앎이 새로워져야 한다.

당뇨병에 대처하는 방법을 서두에 밝혀놓았으니 많은 이들이 실천하여 당뇨병에서 온전히 벗어남은 물론 당뇨병보다 더 무서운 질병에서도 벗어날 수 있기를!!!

구안와사

현대인 중에 구안와사를 경험한 사람들이 종종 있다.

구안와사가 발병하는 이유는 면역력이 떨어지고 스트레스가 가중되면 발병하는 경우가 왕왕 있다.

분명한 원인이 밝혀지지 않았다. 어떤 이들은 추운 데 자고 일어나니 입과 눈이 돌아갔다는 사람들이 있고 스트레스가 너무 심해지니 구안와사가 발병했다는 사람들이 더러 있다.

구안와사 중에 치료하는 방법들이 많다.

침으로 하는 방법, 약초로 하는 방법, 육각봉으로 하는 방법, 가마솥의 그을음으로도 구안와사를 치료한다. 또, 현대 의학은 수술로도 치료한다.

이 중에 가장 확실한 방법은 약초로 하는 방법이라고 나는 추측한다. 지금은 돌아가시고 안 계시지만, 전에는 대구 고령과 진주, 상주 등에 계시는 분들이 구안와사를 잘 고치는 분들도 전국에 소문이 나고 실질적으로 잘 치료하시었다. 약초를 얼굴이나 손목, 어깨 등에 붙이면 거의 100%로 치료하셨다. 그런 훌륭한 명의들은 나이가 많아서 다들 돌아가셨다.

육각봉으로 구안와사를 잘 대처하시는 82세 선생님도 계신다.

나도 구안와사를 나름의 방법으로 대처한다.

▶구안와사(facial nerve palsy)는 입과 눈 주변 근육이 마비되어 한쪽으로 비뚤어지는 질환이다. 구안와사는 말초성 안면신경마비로서 일반적으로 뇌졸중·뇌종양으로 인해 발생하는 중추성 안면신경마비(중풍)와는 구분하여 치료한다. 안면근육은 이하선 신경절에서 분지한 안면신경의 여러 가지에 의해 지배받는다.

이들 신경의 기능이 정상적이지 않을 때 근육마비 증상이 나타나게 된다. 말초성 안면신경마비는 대부분 양호한 예후를 보인다. 대체로 3~4일에 걸쳐 진행되며 수주에서 수개월에 걸쳐 자연적으로 호전되어 1년 이내에 대부분 회복된다. 그러나 때에 따라 완전히 회복되지 않고 후유증을 남기는 예도 있다.◀

출처 : 네이버지식백과

구안와사에 바르게 대처하는 방법은 금진옥액과 코안 쪽에 사혈하고 몸속을 청소하면 치료가 될 뿐 아니라, 중요한 것은 전보다 더 건강해질 수 있다는 것이다. 수술받고 침을 맞고 약초보다 차후를 생각해 보면 더 나은 방법이라 본다.

사혈을 받고 몸속을 청소해도 구안와사가 잘 해결이 된다.

무엇보다 평소에 건강관리를 잘해 놓아야 만병을 예방할 수 있으리라.

면역력 자가 진단

똑같은 상황에서 질병에 걸리고, 걸리지 않고의 차이는 면역력이 좌우한다.

코로나와 독감, 갑상샘, 눈병…. 질병에 걸릴 위험도 면역력이 강하면 걸리지 않는 것이 당연지사다.

면역력이 떨어지면 각종 증상이 나타나는데 사람마다 발생 부위나 트러블(염증)이 다르다. 인터넷에 면역력이 떨어지면 나타나는 증상들을 소개해 둔 것을 약간 첨가하여 옮겨 본다.

1) 입, 코, 혀, 목, 다리 등에 염증이 발생하고 엉덩이에 뾰루지가 가끔 생긴다.

2) 만사가 귀찮다.

3) 머리카락이 많이 빠진다.

4) 아침에 일어나기가 힘들고, 피로가 잦다.

5) 얼굴, 손, 배, 목, 등 여러 곳에 염증, 잡티나 점들이 생긴다.

6) 감기에 쉽게 걸리고 오래 한다.

7) 짜증이 잦고, 집중되지 않는다.

8) 알레르기나 혹이 자주 발생한다.

9) 배탈이 자주 있다.

10) 대상포진이 발생한다.

11) 기력이 쇠잔해진다.

면역력을 떨어뜨리는 원인은 잘못된 식생활과 운동 부족, 스트레스가 주원인이며, 게임이나 오락에 의한 긴장에서도 세포가 망가지고, 혈액이 파괴되고, 유전자마저 손상을 입을 수 있다.

올바른 식생활과 산행을 자주 할 것을 권한다.

약(藥)들의 역습

의사가 되기 위해서 공부하는 교과서 중의 하나인 「Doctors Rule 325」라는 책에는 이런 내용이 나온다고 한다.

1) 가능하면 약을 중지하라.

2) 불가능하면 가능한 많은 약을 중지하라.

3) 약의 수가 증가하면 부작용의 가능성은 기하급수적으로 증가한다.

4) 4종류 이상의 약을 복용하는 환자는 의학 지식이 미치지 못하는 위험한 영역에 놓여 있다.

인체는 자연적으로 형성되어 있다.

내부의 장기(臟器)들도 그러하지 않은가? 사람과 사자의 내부 장기와 들소 및 산속의 멧돼지와도 인체 내부가 거의 비슷하다. 그러므로 우리 역시 음식을 될 수 있으면 자연적으로 섭취해야 한다.

즉, 될 수 있으면 가공 공정이 많지 않게 해서 음식을 섭취해야 한다.

컨디션이 좋지 않고 질병들이 발병하는 것은 우리들의 먹거리에 문제가 있는 것이며, 스트레스도 한몫한다. 물론 유전, 운동 부족, 환경적인 요인도 원인이 되며 화학적인 약품은 더욱 치명적으로 환자로 전락시킬 수 있음을 두려워하고 깨우칠 수 있어야 한다.

특히나 젊은 친구들은 화학적인 약을 믿고 질병이 발병할 때마다 무작정 사용하는 이들이 많다.

인체는 음식과 호흡 이 두 가지로 만들어지고 유지해 갈 뿐이다.

인스턴트식품, 패스트푸드같은 정크 푸드를 먹고 몸에 트러블이나 이상 증세, 질병이 나타나지 않으면 그것이 이상한 것이다. 반드시 치주염, 편두통, 각종 눈병, 뾰루지, 루푸스, 틱장애, 각종 피부 트러블, 수전증, 혀 안의 염증, 대상포진, 생리트러블, 호르몬의 이상, 정신이상(조현병, 우울증, 공황증, 분노조절장애…) 림프액 변질, 심지어 유전자 변화 등이 나타나고, 나이가 점점 많아지면 암(癌)이나 각종 중증(重症)의 질병들이 나타나게 되어 있다.

또한, 통증이나 질병이 있을 때 약품을 장기간 복용하여 그것을 계기로 완전한 환자로 전락하는 예도 왕왕 있다. 설령, 그 질병에서 벗어난다 해도 복용한 화학적인 약품은 언젠가 반드시 인체를 역공하게 된다는 사실을 늦어서야 깨우치게 된다.

질병이 발병한 것은 바이러스도 균들의 침입도 아니다. 모든 것은 독소 물질들이 생성되고 혈액이 깨어져 탁해지고 림프액이 변형되어 몸속에 유해 물질들이 많아진 탓이다. 어떤 의학자는 몸속이 산성화되었기 때문이라 표현하기도 하고, 어떤 이들은 활성산소를 줄여야 한다고 주장한다.

넘친 영양분들이 변형되어 혈액을 탁하게 하고, 혈액 순환에 장애가 되고, 혈액 속에 나쁜 물질들을 공급하니 컨디션이 떨어지고, 각종 질병을 유발한 것이며 또, 스트레스를 받으면 적혈구가 깨지고 림프액이 탁해지며, 코르티솔, 활성산소, 젖산 등이 많아지고 유전자와 세포와 신경계도 경직되고 손상을 받게 되기 때문이다. 이들이 모여 습격한 곳에 통증이 발현되고, 염증이 유발되고, 세포가 괴사하여 암 덩어리가 만들어지는 것이다.

갑상샘암, 유방암, 간암, 대장암, 위암, 뇌암, 당뇨병, 고혈압, 간경화, 뇌졸중, 루프스, 편두통, 심장병, 신장 질환, 호르몬 교란, 알레르기, 허리통증, 다리 저림.... 모든 암과 질병의 발병도 이와 같다. 다만 발생 부위가 다를 뿐이다.

때마다 외치고 싶은 말 "당신이 먹은 것이 당신을 말한다.(You are What yo eat!)"

지구상에 세포와 혈액, 인체를 근원적으로 회복시키는 그러한 약들은 아직 한 가지도 개발되지 않았다는 것이 안타까운 현실이다.

질병의 종류는 167,000(십육만칠천)여 정도가 등재되어 있는데, 인간이 질병을 정복한 것은 한 가지도 없다는 것이 의학의 현주소다. 또한, 인체에 해가 되지 않는 양약도 존재하지 않는다. 언젠가 반드시 인체에 악영향을 미치며, 역습(逆襲)한다. 그런데도 수많은 약이 판매되고 있다.

하나의 증세를 완화하는 듯하지만, 두 가지 이상 해가 된다는 진실을 깨우치는 데 때로는 많은 시간이 있어야 하는 안타까운 젊은 이들과 무개념의 사람들이 많다.

재삼 이야기하지만, 질병이 발병한 것은 균(바이러스)이나 외부의 침입이 아니라, 유전, 운동 부족, 잘못된 식생활과 약물 복용, 스트레스 때문임을 깨우치지 못하면 돈을 잃고, 몸을 잃고, 나중엔 전부를 잃게 될 뿐이다.

"음식과 운동으로 고치지 못하는 질병은 의학이나 의술도 고칠 수 없다"라는 명언을 꼭 명심하시길….

약보다는 먼저 장, 간, 신장 등을 청소하고 올바른 식생활을 하고, 산행(운동)을 자주 해야만 혈액이 맑아지고 면역력이 높아져 질병을 물리칠 수 있고 또, 백세 건강의 초석을 튼튼히 다질 수 있을 것이다.

붕어빵에는 붕어가 없다. 딸기 우유에는 딸기가 없으며, 바나나 우유에도 바나나가 없듯이, 당뇨약에는 췌장을 회복시키는 것과 관계 없고, 갑상샘, 고혈압… 모든 질병 치료에는 근원 치료와 관계없으며 대체하는 요법들뿐이다.

뉴욕 대학의 내과와 외과 교수이었던 "알론조 클라크"박사는 이런 말씀을 하셨다고 한다.

[우리가 쓰는 치료 약은 모두가 독(毒)이므로 한 번 복용할 때마다 환자의 활력을 떨어뜨린다. 병을 낫게 하려는 의사들의 열성이 도리어 심한 해를 입히고 있다. 자연에 맡기면 저절로 회복될 것으로 믿어지는 많은 사람을 서둘러 묘지로 보내고 있다.] 이렇게 분개했다고 한다.

예방접종

천연두 예방접종을 한다고 초등학교 때 난리를 쳤다. 그리고 간염 예방접종, 자궁경부암 예방접종, 콜레라, 장티푸스 등 많은 질병의 위험성에 예방접종을 홍보하고 시행하고 있다. 그러나 그러한 것이 과연 효과가 얼마나 있을까?

예방접종이란, 미리 미세한 균을 투입해 방어 물질들을 형성해 진짜 균들이 침입했을 때 미리 막을 수 있는 면역력을 높이는 행위다. 그러나 아무런 면역력이 없는 이들은 미세균들이 그대로 인체를 침범해 사망해 이르는 때도 없지 않다.

여학생들이 요즘 자주 질문을 한다. 자궁경부암예방 접종에 대하여...

암은 유전, 운동 부족, 잘못된 식생활, 스트레스, 환경 및 기타 등의 요인들이 복합적으로 나빠질 때 나타난다. 그런데 주사로 위와 같은 상황을 없게 할 수 있는가?

너무도 상업적이라 생각하지 않을 수 없다.

항생제

항생제는 미생물이 생성한 물질로, 다른 미생물의 성장을 저해하여 항균 작용을 나타내며 인체에 침입한 세균의 감염을 치료한다. 작용기전, 항균 범위 등에 따라 다양하게 분류될 수 있다. 각각의 약리학적 특성, 항균 범위, 작용기전, 내성 양상, 약물 상호작용 등을 고려하여 의사의 처방에 따라 사용된다. 항생제의 오남용을 방지하기 위해 환자와 전문가 모두 주의가 필요하다.

부작용

항생제의 부작용은 약물군에 따라 공통으로 일어나는 증상도 있지만, 대부분은 개별적으로 나타난다. 같은 약물군 내에서도 부작용에 대한 교차반응이 다양하게 나타나기 때문에 주의가 필요하다. 항생제의 부작용에는 과민증, 조직에 손상이 일어나는 직접 독성, 인체에 정상균이 죽어서 새로운 감염이 일어나는 설사 등의 간접 독성 등이 있다. 항생제에서 공통으로 일어나는 대표적인 부작용은 과민증상이며 항생제 복용 시 발진, 두드러기 또는 미열 등과 같은 가벼운 증상부터 갑작스러운 호흡곤란 및 쇼크 등과 같은 비교적 심각한 증상까지 나타날 수 있다. 과민증상이 나타나면 즉시 전문가에게 알려 적절한 조치를 받아야 한다.

간, 신장에 환자, 고령자, 소아, 임신 및 수유 중인 여성, 알레르기 증상을 일으키기 쉬운 환자에게는 신중히 투여한다.

[네이버 지식백과] 항생제 (약학용어 사전)

자연에는 천연의 항생물질들이 너무 많다. 의학은 그것이 돈이 되지 않기 때문인지 모르고 있는지 천연의 물질들을 처방하지 않고 있다. 화학적인 항생제를 복용하면, 마치 유리에 앉은 파리를 망치로 때려잡는 듯한 현상들이 나타난다. 파리를 바르게 잡지도 못하면서 유리창을 박살 내듯이, 화학적인 항생제를 복용하면 인체 내에서 바이러스를 섬멸할지 모르지만, 정상적인 세포들이 크게 손상을 받아 엄청난 피해가 일어나며, 인체는 복구가 어려운 경우와 사망으로 이어지는 일도 없지 않다. 어린이들에게 복용케 하면 엄청난 부작용이 다양하게 나타난다. 세계 보건기구는 어린이들에게 항생제를 처방하지 말 것을 간곡히 부탁하고 있는 실태다. 성인도 마찬가지 간, 신장, 성호르몬, 모든 곳에 피해가 너무도 심각하게 된다.

혈액이 맑아지면 부신에서 염증을 섬멸하는 물질들이 자연적으로 생성한다. 꼭 신장에서 만들어진다고 할 수 없으며, 몸의 여러 곳에서 염증을 제거하는 작업을 하는 것 같다. 염증이 많다는 것은 혈액이 탁하고 림프액이 탁하다는 것이다. 몸속을 먼저 청소하고 올바른 식생활을 하면서 산행이나 운동하면 저절로 염증이 잘 제거됨을 잊지 마시길…. 자연의 항생제는 마늘, 양파, 생강, 모든 먹을 수 있는 풀잎, 계피 등이 있다. 바른 의학, 참된 의학이여 …

당뇨약

당뇨약이란?

1) 소장 점막에 작용하여 당의 소화를 억제하고 흡수를 지연함으로 식후 혈당을 조절하는 형태

2) 인슐린 분비 촉진제

3) 인슐린 저항성 개선제

췌장의 세포나 기능을 회복시키는 것과는 아무 상관이 없다.

당뇨약을 장기적으로 복용함으로써, 당은 조절될 수 있으나 할

일이 없어진 췌장은 점점 황폐해지고 영양을 공급받지 못하며 망가져 가는 것이다. 췌장이 망가지면, 췌장에는 글루카곤, 인슐린, 소마토스타틴, 키모트립신 등의 인체에 귀중한 호르몬들도 분비되지 못한다. 또한 합성인슐린(당뇨약)은, 호르몬을 대처하고 남은 잉여분은 인체에 남아 다른 질병을 유발하는 촉매 역할을 할 뿐이다.

이럴 때 현대 의학은 "합병증~ 합병증"하며 책임을 회피한다. 너무도 어처구니없는 표현을 한다. 약물 중독증이 올바른 표현이다.

당뇨약을 복용치 않고 당뇨병에서 온전하게 벗어날 수 있는데, 합성 인슐린에만 매달리고 있는 의학과 환자들이 안타까울 뿐이다.

간장약

간이 나빠지면 많은 약이 처방된다.

비리어드, 바라쿠르드, 우루소데옥시콜린산.. 간의 수치를 떨어뜨리나 신장에 심한 테러를 가하고 인체를 점점 나쁜 환경으로 몰고 가, 결국엔 간이 더욱 나빠지면 내성이 생겼다며 다른 약들을 겸하여 처방한다. 칵테일 요법. 이때는 간이 더욱 나쁜 상태로 변한 것이다. 약물이 더욱 인체를 망친 상태다. 약들이 간의 세포를 활성화하거나 회복시키지 못한 채 약물이 오히려 간과 인체를 무너뜨리는 상황이 벌어지는 것이다.

간의 기능을 궁극적으로 회복하려면, 간 내 독소나 노폐물들을 청소해 주고 음식을 바르게 섭취하고 산행을 자주 하는 것이 도움된다. 그리고 녹즙도 도움이 된다. 녹즙을 올바르게 쓸 수 있어야 한다. 그리고 나에게 있는 환제(양지환)도 도움이 될 것이다.

심장약

심장에 쓰이는 양약들은 어떤 것이 있을까?

그것은 혈전용해제(혈액순환개선제), 아스피린, 혈관확장제, 이것이 전부다. 그리고 결국엔 스텐트 수술이나 다른 시술을 해야 한다.

심장병이 일어난 이유는 고지혈, 혈전이며, 활성산소, 코르티솔, 양약의 복용에 의하여 커다란 영향을 받아 심장이상박동이 많다. 모든 양약은 다 심장의 기능을 저하한다.

3가지 이상의 양약 복용은, 심장마비의 주요 원인이란 생각을 떨칠 수가 없다. 설령 심정지를 일으킬 수 없다고 해도 그 피해는 엄청날 것이다. 우리는 약들의 진실을 더욱 잘 파악해야 할 것이다.

장, 신장, 간 등을 청소하고 사혈을 받고, 반드시 육류는 삶아서 드시며, 또한 저녁에는 육류를 먹지 말 것을 권한다.

심장에 가장 좋은 약은 녹즙임을 의사든, 일반인이든 반드시 알아야 한다.

[콜레스테롤 약의 주의사항입니다. 콜레스테롤 약을 스타틴으로 표기했습니다.]

인터넷에 퍼옴

1) 스타틴의 투여 후 간염이 나타날 수 있으므로 구역, 구토, 권태감 등의 증상이 발생할 때는 스타틴의 복용을 중지하고 의사에게

알려야 합니다.

2) 스타틴의 복용은 임신 중 사용 금기입니다. 또한 가임여성은 스타틴을 복용하는 동안 적절한 피임법을 사용해야겠습니다. 스타틴으로 인해 유아에서 부작용이 나타날 수 있으므로 수유 중 사용 또한 금기입니다.

3) 일부 스타틴 약물과 관련해 간질성 폐 질환 사례가 보고 되었습니다. 호흡곤란, 가래가 없는 기침, 피로나 체중감소 발열이 나타날 때 스타틴 복용을 중단합니다.

4) 횡문근용해(근육이 파괴)가 발생할 수 있고 그 물질이 신장에 영향을 미쳐 급성 신부전이 발생할 수 있습니다. 근육의 통증이나 근육 약화가 있을 시에는 병원에 가서 면밀하게 근육효소수치(CK)를 검사해야겠습니다.

5) 간 기능 이상이 나타날 수 있고 스타틴 복용 후에 간 기능 이상, 황달, 간염 등 부작용이 발생할 수 있습니다. 치료 시작 전부터 간 기능 검사를 하여, 간 문제가 없는지 정기적으로 관찰해야겠습니다.

6) 스타틴 복용 후 공복 혈당이 높아질 수 있으나 복용으로 인한 이득이 고혈당보다 높습니다.

7) 중증 피부질환(SJS syndrome, TEN, 다형홍반)이 나타났다는 보고가 있어 심각한 피부 증상이 나타나는 경우 투여를 중단해야겠습니다.

인터넷에서 퍼옴

항히스타민제

아미노산의 일종인 히스티딘(histidine)으로 부터 탈탄산에 의해 생성되는 물질로, 동물의 조직 세포에 널리 분포하고 특히 피부, 소장 점막, 폐에 많다.

히스타민 길항제 또는 항히스타민제(histamine antagonist, antihistamine)는 히스타민 수용체 수용을 억제해 히스타민의 작용을 억제하거나 히스티딘에서 히스타민으로 변환시키는 것을 촉진하는 히스티딘탈카르복실화효소 활성화를 억제하는 의약품이다. 항히스타민제는 보통 단백질에 대한 인체의 과잉 반응으로 인해 나타나는 알레르기를 완화하는데 사용한다.

나는 말한다. 왜, 히스티딘이 탈탄산이 되는가? 그것은 잘못된 식생활과 스트레스에 의하여 면역력이 결핍되었기 때문이라고...

알레르기에 민감하고 자주 발현하는 사람들의 특징은 패스트푸드, 인스턴트식품 같은 정크 푸드를 자주 섭취하고, 게임이나 오락을 즐기는 사람들이며, 화학적인 약들이 결코 원인 치료가 되지 못하는 이유는 알레르기의 원인인 스트레스와 잘못된 식생활을 개선할 수 없기 때문이다.

약이 원인 제거와는 관계없이 증상을 완화 봉합하려 하지만, 그 화학적인 약품의 역습은 인체에 커다란 악영향이 될 뿐이다.

각종 영양제

현대인들이 엄청나게 영양제를 복용하고 있는 듯하다. 여기에 소비되는 비용이 엄청나리라 생각한다.

그런데 왜 영양제를 복용하게 될까? 컨디션이 떨어지고, 기력이 떨어지고, 피로가 쌓이고, 건강 검진엔 괜찮았지만, 스테미너가 자꾸 떨어지는 듯하기 때문이다.

그러한 것은 영양이 넘치어 그런 것이 대부분이다. 넘친 영양분들이 갈 곳을 잃어 정체해 결국, 독소나 노폐물들로 변하여 혈액을 탁하게 하고, 순환을 방해하고, 나쁜 물질로 변하여 인체에 퍼져나가기 때문이다.

컨디션이 떨어지고 피로가 쌓이는 것은 사실 혈액 순환에 장애가 있고, 혈관 속에 나쁜 물질들이 많아지고 세포나 장기에 독소 물질이나 노폐물들이 많아서 그러한데, 모르고 착각하며 비타민, 코큐텐, 오메가 제품, 보약, 붕어 진액, 장어, 개소주, 산삼… 별의별 영양제가 엄청나다. 그러나 그러한 제품이나 영양 높은 물질들이 처음엔 기력 회복에 도움이 될 듯하나 그 자신의 생명을 재촉하게 됨을 모르는 이들이 많다. 백 세를 전후로 건강하게 장수하고 계신 분들은 그러한 것을 모르고 복용치 않는다는 사실이다.

혈액을 맑게 해야 한다. 몸속에 독소와 노폐물들을 청소하고 음식을 바르게 골고루 섭취하면 새로운 활력이 솟아날 것이다. 몸속을 청소하지 않고 독이 있는 곳에 영양을 보충하면 그것이 모두 독이 되어 신장에 테러를 가하게 되어 늙음과 죽음을 앞당기는데 이바지할 뿐이다.

장, 간, 신장 등을 먼저 청소해 주시길...

혈압약

혈압이 높아지는 이유는 혈관 속에 독소나 나쁜 노폐물들이 많거나, 혈전이 많아지거나, 신장의 기능이 떨어지면 발병한다. 물론 혈관이 수축하여도 그러하다.

혈압이 올라가면 우리는 혈압약을 처방 받아 죽을 때까지 복용한다는 사실을 받아들이고 그냥 남들처럼 매일 복용을 하는 이들이 너무 많다.

현재 고혈압에 쓰이는 약들은 이뇨제, 칼슘길항제, 안지오텐신전환효소억제제, 알파차단제, 베타차단제 등이다.

고혈압이란 병은 불치병이라고 현대 의학은 포기하고 있다. 그래서 쓰이는 약품들도, 처음엔 이뇨제를 쓴다. 이것을 혈압약~ 혈압약~ 이렇게 불린다. 이것이 내성이 생겨 듣지 않으면 다음은 칼슘이나 영양소가 혈관에 들어가지 못하게 하는 약품을 쓴다. 이것에도 내성이 생기면 다음엔 심장을 아예 적게 뛰게 하는 약을 쓴다. 알파 차단제, 베타 차단제... 이러한 약들은 혈압을 일으키는 원인을 제거하는 약들과 전혀 관계가 없다. 약을 장기적으로 복용함으로 인하여 인체는 커다란 악영향을 받으며 혼란 속에 빠지게 된다. 위장을 비롯하여 신경계, 혈관, 혈액, 림프관, 특히나 신장에는 더없이 해롭다. 그래서 혈압약과 여러 다른 약들을 혼합하여 복용하면 돌연사의 원인이 된다고 추측하지 않을 수 없다.

갑자기 죽은 사람들은 어떤 양약들을 복용하고 있었는지 늘 궁금하고 혈압약도 한몫한다고 나는 추측한다.

나는 말한다.

불치병인 고혈압 증상도 약물 없이 반드시 치료가 된다고 본다.

장, 간을 청소하고, 패스트푸드, 인스턴트식품 같은 정크푸드를 끊고, 육류는 삶은 것으로만 먹고, 양파를 썰어 삶아서 아침저녁으로 드실 것을 권한다. 또한 사혈도 권한다.

고혈압... 반드시 약물 없이 정상적으로 회복시킬 수 있다고 설하고 있다.

갑상샘 약

갑상샘 약들도 마찬가지다. 갑상샘에서 분비되는 요오드라는 호르몬을 대체하거나 기능을 차단하는 약들인데, 환자들은 아무 생각도 하지 않고 처방받아 복용한다. 호르몬 대체요법. 합성 호르몬은 반드시 다른 질병들을 또 불러오는 속성이 있다. 그래서 합병증을 불러오는 것이다. 갑상샘 세포를 회복하는 것과는 아무런 상관이 없다.

갑상샘에 질병들이 발병하는 것은 두 가지다. 잘못된 식생활과 스트레스다. 이 두 가지를 해결하지 않고는 약물로 갑상샘 회복은 없다.

약은 있을 수 없다. 올바른 식생활과 산행을 자주 하고 사혈과 녹즙을 먹으면, 회복되는 경우가 그렇지 않은 경우보다 많다. 안전하고 다른 기능도 좋아진다. 이것이 의학이요, 의술이다.

정신과 약

현대에 많은 이들이 정신과 약을 먹고 있는 실정이다.

무엇이 정신을 혼란스럽게 만들었나? 그것은 스트레스와 잘못된 음식이었다. 공황증, 우울증, 조울증, 분노조절 호르몬 부족, 자살 지향적인 마인드…. 이러한 질병들의 출발은 모두 같다. 잘못된 음식들 때문이며, 여기에 스트레스가 합쳐지면 발병하게 된다.

그러면 그런 약들이 원인을 알고 처방되고, 근원적으로 정신병을 해결할 것인가 이다. 모든 약은 신경을 차단하거나 호르몬들을 차단하거나 분비를 촉진하고자 할 뿐이다. 치료를 돕는 물질은 전무하다. 그런데도 환자는 마치 치료제를 복용하듯이 생각한다.

향정신성의약품들을 장기간 복용하면 대부분 자살 지향적으로 변하는 이유가 바로 신경을 차단, 또 차단하다 어느 시점이 되면 그 차단된 신경 물질들이 한꺼번에 터져서 그리되는 것이다.

너무도 위험한 약품들이다. 처방하는 의학도들도 참된 의학도가 없다는 것이 안타까움이다.

근원 치료가 가능하다. 왜 스트레스와 잘못된 식사가 원인임을 스스로 깨우친다면 쉬워진다.

약물에 의존하면 안 된다. 그러면 대부분 온전한 환자가 되어 개인과 가정과 사회와 국가를 위험으로 몰고 갈 수 있다. 다시 말하지만, 약물 없이 치유가 가능한 것이 대부분이다.

의학이여~ 진실이여~

위장약

위장약들은 위장의 벽에서 위산이 분출되므로 알루미늄 겔이나 위산에 대항하는 성분들이 대부분이다. 그러한 이러한 약들은 위장벽을 코팅하고는 결국 나중에 인체 내부로 흘러들 수 있다. 그리하면 나중에 인체에 심각한 악영향이 될 수 있다.

위장에 질병이 발병한 것은 혈액 속에 코르티솔이나 나쁜 물질들이 많아질 때와 간의 기능이 떨어졌을 때가 90% 이상이다. 이러한 메커니즘을 아는 의학도는 거의 없다. 그런고로, 위장병이 발병하면 간의 기능을 회복시키며 혈액을 맑게 해야 한다.

어떤 이들은 위장약이 나중에 치매나 뇌에 크게 악영향을 줄 수 있다고도 한다.

1) 위산분비억제제
2) 구충제(헬리코박터균 멸균)
3) 지사제(설사 멈춤)
4) 소화제 효소

감기약

전 세계에서 우리나라에서 유일한 약이라고 한다. 스테로이드계열이나 소염진통제나 또 다른 성분들이 포함된다 해도…. 감기의 원인을 먼저 알아야 할 것이다. 그러나 현대 의학이나 다른 의학 계통에서도 감기의 직접적인 원인을 밝힌 연구는 없다.

독감은 인플러스 바이러스라고 하나 완전한 작품은 아니다.

감기약을 복용하면 일주일쯤 가고, 약들을 먹지 않고 버티면 7일 간다는 말이 있다. 같은 말이다. 그러니 약을 복용하거나 복용치 않거나 같다는 말이다.

그러나 감기약에 처방된 약들의 부작용은 엄청나다. 그래서 전 세계 모든 나라는 감기약을 어린아이 7세 미만에게는 처방하지 말 것을 법으로 정하였다. 그러나 성인에게는 피해가 없을까?

엄청나다가 바로 드러나지 않았을 뿐이다. 나이가 들면 그러한 악영향들이 반드시 나타난다. 때가 언제인가? 그것이 문제일 뿐이다.

감기가 발병하면 쉬면서 면역력을 키워주는 모든 행위를 하면 감기를 쉽게 극복할 수 있다.

몸살도 마찬가지…. 굳이 약물로 벗어나려는 조급하고 어리석은 이들도 많다.

암약들

암 환자들이 많다. 검진만 하면 혹이 나온다. 운동이나 움직임이 부족하고, 잘못된 식생활, 스트레스가 과하게 되면 혹 덩어리가 생성되게 되어 있다.

암은 유전 7, 운동 부족 10, 잘못된 식습관 30, 스트레스 40, 기타 및 환경 13(%)란 조건이 충족되어야 한다. 그런데 암약들이 이러한 조건으로 오랜 시간에 걸쳐 발병한 혹들을 없앨 수는 없다. 없앨 수 있다 하더라도 인체는 더욱 망가질 것이다. 다시 말해 암을 일으키는 조건들을 스스로 제거해 주어야 한다. 암 덩어리를 칼과 방사선으로 잘라내거나, 태울 생각을 하지 말고 그대로 둔 채 90세까지 건강하게 친구하며 살아가는 방법들을 제시해 주어야 한다.

암에 쓰이는 약들은 위험의 정도가 극약으로 분류된다고 한다. 혹을 없애려다 그 목숨을 없애는 것이다. 어쩔 수 없이 수술은 하되 절대 항암치료를 해서는 안 되는 이유가 분명하며 양심 있는 의학도가 별로 없다는 것이 심각한 문제다. 의사라는 사람들에게 설문조사를 한 결과 모두가 현재 암 환자들에게 사용되고 있는 항암치료를 절대 거부한다고 한다. 왜냐하면 암 치료의 효용과 관계가 없고, 오히려 사람을 더욱 황폐하게 몰아가는 사실 때문일 것이다.

암을 그대로 둔 채 90세까지 건강하게 살 방법들이 있다고 주장한다. 혈액을 맑게 하고 몸속에 독소와 노폐물들만 제거해 주면….

소염진통제(스테로이드계)

염증이 많다는 것은 혈액이 탁하다는 것이다.

혈관 속에 나쁜 물질들이 많아 혈액의 파괴가 심각하여 죽은 혈액이 정화되지 않을 때와 림프구가 변질이 될 때, 또, 백혈구가 나쁜 물질들을 섬멸할 때 발생하는 불순물을 염증이라 한다. 염증이나 나쁜 물질들은 면역력을 담당하는 림프구, 백혈구, 매크로파지 등이 왕성히 활동하게 해서 자연히 섬멸해야 한다. 그런데 의사들은 소염진통제 등의 화학적인 약을 계속 고집한다. 진통과 소염은 일시적으로 멈추게 할 수 있으나 오히려 그 약품들이 그 환자들을 더욱 나쁘게 할 수 있다.

분자 구조가 인체에서 분비되는 스테로이드핵을 가진 것과 비슷하게 만들어 인체에 사용하려 하나, 너무도 위험하고 맞지 않는 것이다. 통증 완화와 염증이 일시적으로 가라앉는 듯하나, 그 후유증이 인체를 더욱 나쁘게 한다.

나는 임플란트를 하면서 마취가 풀렸을 때 소염진통제가 너무도 나쁨을 알고 여러 차례에서도 복용치 않았다. 한 번은 얼굴이 전체가 붓고 눈이 보이지 않는 날도 있었다. 그래도 양약의 부작용과 위험성 때문에 끝까지 복용치 않고 녹즙으로 버티어 내었다.

[스테로이드제는 약물로 쓰이는 스테로이드 호르몬 제제를 통틀어 일컫는 말이다. 부신피질호르몬제와 남성호르몬제, 여성호르몬제 등이 이에 속하나, 좁은 의미로 부신피질호르몬제만을 지칭하기도 한다. 스테로이드제는 체내 스테로이드에 의해 유지되고 있던 생체 시스템에 영향을 미치므로 전문가의 판단에 따라 사용하여야 하며 임의로 사용하거나 중단하지 않도록 주의해야 한다.

부신피질호르몬제는 항염증 효과 및 면역억제 효과를 가지는 약물로, 관련 수용체에 결합하여 약리작용을 나타낸다. 주로 프로스타글란딘의 전구물질인 아라키돈산의 생성을 막거나 백혈구 등 면역 관련 세포의 능력을 낮추어 염증을 빠르게 완화하고, 림프계의 활성을 감소시켜 면역반응을 억제한다.]

[네이버 지식백과] 스테로이드제 (약학용어 사전)

[전에 어머님은 허리 아프시거나 다리가 아프시면, 그러한 약을

처방받아 자주 드셨다. 드시면 곧 허리와 다리가 아프지 않으시다고 늘 그렇게 하셨다. 일을 많이 하시어 나쁜 혈액이 그리로 몰리고 근육이 놀라 그러한데 양약을 드시면 신통하게 얼마의 시간이 지나면 괜찮다는 것이다.

그것들이 모두 소염진통제이다. 다시 말해 신경을 차단한 것이다. 근육을 이완하는 역할을 한 것이다.

그 약물의 잉여분은 반드시 그 신체를 나쁜 쪽으로 또 몰고 가게 된다. 차곡차곡 약물이 몸에 퇴적되면 약의 가짓수와 농도가 짙어지는 것이다. 이것이 엄청난 인체에 테러가 된다는 사실을 의학계는 반드시 알려야 하는데 그렇지 않고 있다. 계속 진실을 덮고 진행이 되고 있다.

사회의 부조리만큼 세상을 나쁘게 할 수 있는데...]

호르몬제

인체에는 너무도 많은 호르몬이 분비된다. 특히나 갱년기를 맞이하는 여성들은 호르몬제를 복용하는 이들이 많다고 한다.

혈액과 림프액이 맑으면 모든 호르몬은 자연의 섭리에 맞게 흐르고 분비되고 소멸할 것임을 나는 확신한다.

피임약

피임약을 자주 먹으면 실제로 결혼하면 불임이 될 가능성이 없지 않다. 또한 나중에 자궁암이나 유방암을 유발할 가능성이 없지 않다고 본다.

신혼부부나 젊은 여성이나 여러 여학생이 사용한다고 고백하고 있다. 이것을 복용하면 임신을 피할 수 있으나, 그 약도 다른 약들과 같이 인체에 너무도 해롭다. 그것이 또한 여성 질환을 유도하는 것인지도 모른다. 너무 안타깝다. 젊은 여성들과 여학생들이…. 앞서도 서술했지만, 그러한 여성들이 나팔관이 막히고, 호르몬 교란이 일어나고, 생리가 불규칙해지고, 자궁이나 난소에 문제가 발병하는 경우가 많다고 본다.

피임약을 먹어선 안 된다.

질병이 발병한 것은 잘못된 식생활과 스트레스 때문이라면, 약을 먹으면 잘못된 식생활에서 왔던 모든 것을 제거할 수 있어야 하고, 스트레스를 없게 할 수 있는 약이라야 치료할 수 있다. 그 외에는 모두 임시방편, 결국엔 병을 일으키는 잘못된 음식(독)을 먹으며 약(독)의 복용을 하면 이중적인 독배를 마시게 된다. 이리되면 어찌 인체와 멘탈이 버티어 낼 것인가?

의학과 의술도 바뀌어야 한다. 우리들의 생각과 행동도 바뀌어야 한다.

우울증, 공황증, 조현병, 자살지향적인 마인드, 각종 정신 질환과 폭력 및 강력 범죄

우울증, 공황증, 조현병, 틱 장애, 과운동증, 자살 지향적인 마인드, 폭력, 강력범죄, 패륜….

자살하는 사람들이 많고, 미국에서는 계속되는 총기 사건으로 많은 이들이 희생당하고 있다. 왜, 이런 위험한 일들이 계속 벌어지고 있는가?

나는 이러한 모든 나쁜 상황들이 벌어지는 요인은 그 출발점이 거의 같다고 본다.

과학자나, 법학자나, 의학자, 심리 전문가들…. 그분들은 자살한 사람, 강력 범죄자, 각종 정신 질환자들에게 어떻게 접근하고 있는지 모르지만, 나는 한결같이 외치고 있다. 세상이 험악해지고 무섭게 변하는 이유는 잘못된 식생활과 오락, 게임, 도박 등에서 출발한다고…. 또한 암이나 만성 질병의 원인도 잘못된 식생활이 30%나 된다고 외치고 있다.

요즘 청소년들 열 명 중 3~4명 정도가 정신질환이 있다고 한다. 또 어떤 젊은이들은 자살 지향적인 태도를 보이며 글을 올리고, 반대로 건강 염려증을 보이는 이들도 없지 않다.

강력범죄나 자살한 사건이 전파되면 나는 늘 궁금해한다. 그리고 정부나 연구 기관에 부탁하고 싶다. 그들은 과연 평소에 어떤 음식을 즐겨 먹었나, 어떤 게임을 즐기고 있었나를 조사해 보라고…?

부모가 이혼하거나 한 분이 돌아가신 결손 가정, 경제적으로 어려운 환경, 짧은 교육 혜택, 불우한 모든 환경…. 이것이 성공을 할 수 있는 조건이 될 수도 있다. 성공에는 반드시 장애물이 있기 때문이다.

그런데 이런 악조건의 아이들이 나쁜 길로 빠지는 경우가 많다. 그것은 잘못된 식생활 때문이라 본다. 나쁜 환경에서, 나쁜 음식을 먹으면, 나쁜 생각에 빠져, 나쁜 사람이 된다. 그러나 나쁜 환경에서 패스트푸드, 인스턴트식품 같은 정크 푸드를 멀리하고 올바른 식생활만 한다면 그들은 반드시 성공인이 될 수밖에 없다. 그것을 어떤 이들은 [개천에 용 난다] 이런 표현을 하기도 한다.

OECD 국가 중 오랫동안 자살률 1위를 계속하고 있다.

이 어마어마한 사고와 행동이 왜 발생하는가? 이것의 출발도 나는 잘못된 식생활에 있다 본다.

잘못된 식생활로 건강치 못하고, 학교에서나 단체에서 소외당하고, 혼자서 계속 잡생각에 빠지다 우울증이나 정신질환에 빠져 양약을 복용하기 시작하면 그때부터 환자로 전락하고 약물 중독이 되어 자살에 이르는 경우가 많다고 본다.

정신과 약을 끊고 올바른 식생활을 하고 산행을 자주 하면 정신

질환에서 대부분 벗어날 수 있다. 이러한 사실을 의학도들은 알아야 하며 청소년과 기성인들도 알아야 한다.

생명 유지의 3대 요소는 호흡, 음식, 배설이다.

우리가 호흡하는 공기에도 문제가 많다. 이산화탄소가 공기 중에 너무 많아서 이것을 줄이지 않으면 지구가 망한다고 유엔이나 과학자들이 외치고 있다. 남극과 북극의 빙하가 녹고, 히말라야 만년설도 많이 녹고, 세계의 곳곳에서 이상 기후와 환경의 변화가 일어나고 있다. 아마도 코로나도 지구의 환경이 변하여 발병한 대재앙의 전조 증상인지 모른다. 세계인 대부분이 마스크를 끼고, 예방 접종 받고, 많은 행동을 자제하며 발버둥 치고 있다. 그러나 섭생을 잘하는 사람은 코로나도 암이나 각종 질병도 달려들지 못한다. 그것을 면역력이라 한다.

내 몸속에 면역력을 강력하게 무장하려면, 어떻게 해야 할까? 첫째가, 나쁜 음식을 먹지 말아야 한다.

그러면 나쁜 음식은 어떤 것인가? 가공이 많이 된 음식, 패스트푸드나 인스턴트식품, 튀긴 음식, 기름에 볶은 음식, 청량음료, 흰 밀가루로 된 음식 등이 될 것이다.

나쁜 음식과 게임이나 도박과 같은 긴장을 유발하는 요인들에 중독되면 개인을 망치고, 사회를 망치고, 나라를 망치고, 세상을 망치게 된다.

치맥이 대한민국을 망치고 있다고 글을 쓴 적이 있다. 맥주는 괜찮지만 튀긴 닭고기를 비롯하여, 튀겨서 요리한 음식은 절대 먹지 말 것을 때마다 외치고 있다. 아무리 좋은 올리브유, 카놀라유, 참기름, 포도씨유 등일지라도 요리할 때 100도를 넘기면, 본성을 잃고 혈관과 혈액과 림프액과 세포에 너무도 치명적인 악영향이 된다고 주장한 지 오래다.

음식을 올바르게 섭취해 보라. 몸이 맑아지고 정신이 청명해진다. 멘탈이 건강하고 몸이 건강한 사람은 절대 남에게 피해 입히는 일이나 나쁜 짓을 하지 않는다. 남을 탓하거나 화를 낼 일이 있어도 자신을 스스로 책망하며 바른 사고와 바른 판단만 하게 된다.

게임이나 도박에 빠지면 정신이 늘 긴장하게 된다. 그러면 몸속에 체액이나 혈액, 뇌의 상태가 심하게 망가지고 판단이 흐려지고 긴장의 고조로 폭발물로 변하는 것이다. 게임을 그만하라는 어머니를 살해한 중학생이 있었다. 그것은 매스컴에 나왔기에 세상 사람들에게 알려졌지만, 세상에 알려지지 않은 채 일어나는 사건들도 많을 것이다. 게임에 빠지고 도박에 빠지며, 건강치 못한 음식을 섭취하면 그들은 모두가 위험한 시한폭탄이 된다. 폭발물이 여기저기 즐비하면 위험한 세상이 될 수밖에 없지 않은가! 이것은 비단, 대한민국의 국민에만 국한된 문제점이 아니라 세계적인 문제점이요. 지구의 위험까지 압박할 수 있다. 핵폭탄이 여기저기 매설된 것 같은 위험한 일임을 인식하는 이들이 별로 없는 듯하다.

매일 지뢰가 매설된 전장에 들어선 기분이 들 때도 없지 않다.

우울함은 정신적인 문제다. 자살 지향적인 생각은 정신적인 문제다. 그런데 그러한 기분이나 생각을 하게 한 것은 잘못된 음식에서 출발한다는 것이다. 저급한 음식은 저급한 생각을 만들 수밖에 없다. 나쁜 원료를 사용하면 나쁜 결과가 나올 수밖에 없다.

우울증이나 정신질환이 발병한 원인을 바르게 알지 못한 채 약국이나 의학에 다가가면 화학적인 양약을 처방하는 것이 상례다. 이것이 더욱 환자로 몰아가고 자살 지향적으로 몰아간다는 사실을 우리는 알아야 한다. 정신질환을 일으키는 것이 잘못된 식생활에서 기인했다면, 먼저 음식을 바꾸어야 한다.

음식을 바꿨고 산행을 자주 해서 몸과 멘탈을 건강하게 만들어줘야 한다. 양약을 처방해서는 안 된다. 환자로 전락시키고 시한폭탄으로 만들면 안 된다.

혈액 속에 정상적인 포도당이 부족하고 식이 영양소가 부족하여 모든 정신질환이 출발한다. 우리도 깨우쳐야 하고 의학도 깨우쳐야 한다.

건강한 사람, 건강한 가정, 건강한 사회, 건강한 나라, 건강한 세상, 건강한 지구를 만들려면 첫째가 건강한 음식을 먹지 않으면 절대 이룰 수 없다 본다.

몸속을 청소하고, 올바른 식생활을 하며, 산행을 자주 하면, 건강한 육체와 건강한 멘탈을 가질 수 있다.

다시 한번 전하고 싶다.

당신이 먹은 것이 당신을 말한다.

각종 질병들의 전조 증상

질병이 발병하기 전에 미리 그 전조 증상이 나타나는 것이 대부분이다. 물론 아무런 증세나 느낌이 없었는데, 병원 검진에서 발병하는 때도 많다. 특히나 암 같은 경우엔 대부분 증상이 없다가 갑자기 나타나곤 한다. 그러나 전구 증상을 미리 알아 질병들을 예방하면 좋을 것이다.

중병이 들기 전에 증상들(암도 포함)
  1) 자주 체한다.
  2) 피로가 극심하다.
  3) 현기증이 가끔 있다.
  4) 눈의 시력이 갑자기 떨어지는 듯하다.
  5) 감기가 오래간다.
  6) 갑자기 체중이 많이 빠진다.

질병이 발병하는 루트 : 유전 7%, 운동 부족 10%, 잘못된 식사

30%, 스트레스 40%, 환경과 기타 13%

암을 비롯 모든 질병에 위의 공식을 대입시켜 보시길….

췌장암

복통이 잦다. 소화 불량, 식욕 감소, 체중 감소, 치주염이 잦다.
명치 쪽 통증, 황달

뇌졸중

1) 전에 없던 심한 두통에 시달린다.

2) 극심한 피로감을 느낀다.

3) 얼굴 한쪽이 갑자기 힘이 빠지고 감각이 둔해진다.

4) 갑자기 한쪽 눈이 안 보이거나 시야 장애가 일어난다.

5) 한쪽 팔이 몇 분간 마비가 된다.

6) 말이 어둔해지고 다른 사람의 말을 잘 이해하지 못하는 경우가
있다.

7) 자주 혼란스럽고 제대로 생각하기가 어렵다.

8) 걸음이 휘청거린다.

폐암

1) 계속되는 기침 : 기침이 2주 이상 지속되며 심지어 피가 섞인
가래가 나오면 의심

2) 호흡이 가빠짐

3) 가슴이나 등, 어깨의 통증이 잦다.

4) 호흡할 때 쉰 소리

5) 원인 모를 체중 감량

6) 뼈의 통증

7) 두통

8) 식욕 상실

암 발병 전조 증상

1) 음식을 먹기 힘들다.

2) 목의 통증 – 후두암 의심

3) 갑자기 체중이 5kg 이상 빠진다.

4) 기침이 잦고 쉰 목소리 – 폐암, 후두암, 갑상선암, 림프종암,

5) 각혈, 출혈 – 폐암, 대장암

6) 피부의 변화 – 피부암

7) 몸에 이상한 혹 덩어리가 만져진다.

8) 소변보기가 힘들고 혈뇨, 방광이 아프다. – 신장암, 방광암, 전립선암

당뇨병

1) 피로감, 시력 저하, 성욕 감퇴

2) 다갈, 다음, 다뇨, 체중 감소

신장 질환

1) 부종(눈 주위나 손발)

2) 고혈압

3) 야뇨(자다가 소변 때문에 일어남)

4) 이명(귀에 소리가 나고 청각 기능이 저하)

5) 단백뇨(소변에 거품이 많다.)

6) 혈뇨

7) 요통이 자주 있다.

8) 피부가 자주 가렵다.

9) 핍뇨(오줌을 500cc 이하)

심장병

1) 속이 불편하다.

2) 가슴 통증

3) 호흡곤란(운동이나 계단을 올라가는 것과 특별한 이유 없이 숨이 차다는 느낌)

4) 식은땀(식사할 때 땀을 늘 흘리는 사람은 심장의 기능이 약함)

5) 피로감(아침엔 괜찮으나, 저녁이 되면 녹초가 되거나 식욕부진, 다리가 무겁다)

6) 졸도(갑작스럽게 의식이 잃음)

7) 부종(눈, 복부, 다리, 발목⋯)이 저녁이나 밤에 나타난다.

8) 피부 변색(손톱이나 입술에 청색증이 나타난다.)

간

1) 피로가 잦다.

2) 눈의 시력이 급격히 떨어지고 핏발이 자주 나타난다.

3) 건망증이 심해진다.

4) 자주 체하고, 속이 더부룩하다.

5) 짜증이 잦고 성질이 예민해지고 반찬 투정이 잦고, 비린내를 맡으면 구역질이 난다.

6) 밀가루 음식이(국수, 라면, 빵…) 좋아지고, 단 음식과 달콤한 커피믹스가 좋다.

7) 호르몬의 생성이 급격히 저하되었다.(정력이 급격히 감퇴, 여성 생리량이 감소, 검은빛…)

8) 변의 색깔이 검거나 냄새가 지독하다.

9) 손톱이 약하고 잘 부러지며, 세로줄이 많다.

10) 잔병치레를 잘한다.

11) 등과 배 몸에 고춧가루 같은 붉은 반점이 있다.

12) 혀의 뒤쪽을 보면 색깔이 맑지 않고 핏줄이 굵다.

13) 허리와 어깨…. 자세가 바르지 않은 듯하다.

14) 다리와 어깨가 자주 결리고 쥐가 가끔 난다.

15) 술이 잘 깨지 않고 취기가 오래 간다.

16) 혈소판 수치를 주시하라.

17) 숙면을 하지 못하고 쉬이 깨며, 저녁엔 잠이 오지 않고 아침만 되면 잠이 쏟아진다.

18) 잇몸과 코에서 출혈이 잦다.

19) 얼굴이나 손이 남보다 노랗다.

위의 사항 중 5개 이상이 해당하면 병원의 검진과 관계없이 본인의 간 기능이 저하되었음을 감지하시어 건강에 유념하시길….

대한민국이 망해가고 있다.

나는 정치나 경제, 종교, 교육, 운동, 철학, 예술 등을 아주 잘 모른다. 또한 관심도 별로 없다. 농사일 때문에 헤매고, 약초 채취, 집안의 사소한 일들, 제품 만들기, 멍때리기…. 하는 일 없이 바쁘다.

하지만, 연일 사고와 사건이 터지는 것을 볼 때 너무 안타깝다. 대한민국이 망해가고 있구나 느껴진다.

인구가 많아야 하는데 출산율이 너무 낮아(2021. 5. 27. 출산율 0.88%)라고 발표되었고, 사고와 사건, 자살, 자연사, 건강치 않은 국민…. 세상이 너무 위험하고 살벌하다.

총기 소지가 가능한 국가이었다면 지금쯤 국민 절반 정도가 없어지지 않았을까 생각해 본다. 우리는 너무도 극단적이고, 단순하고 과격한 막가파씩 행동[너 죽고 나 죽고…]

2021년 12월 14일에 어떤 매스컴에서는 이런 기사가 있다.

영국 옥스퍼드 인구문제연구소는 앞으로 지구상에서 가장 먼저 사라질 나라로 한국을 꼽았다고 한다.

2021년 5월과 6월에는 태어난 신생아보다 돌아가신 분들이 더 많아 [인구 자연 감소] 현상이 일어나고 있다고 한다.

대한민국이 왜, 이렇게 사고와 사건들이 많이 터지고 국민의 건강과 심리가 건강치 않고 시한폭탄으로 변해가는 듯할까?

나는 그것의 첫째 요인이 잘못된 식생활에 있다고 본다.

튀긴 음식을 먹어선 안 된다고 아무리 외쳐도, 아무도 듣지 않는다. 조금은 먹어도 된다는 주장과 그러면 먹을 것이 없다고 푸념하는 젊은이들도 있다.

패스트푸드와 인스턴트식품 같은 정크 푸드를 즐겨 먹는 이들이 많다. 정크 푸드를 즐겨 먹고 빨리빨리 외치며 치열한 경쟁을 위하여 빨리 먹고 빨리 움직이려 한다. 정크 푸드가 사람들의 입맛에 맞춰 맞춤 공격하며, 충성고객을 만들고자 혈안이 되어 있다. 그러나 수많은 첨가물과 재료들이 결코 인체에 유익하다 보지 않는다.

모든 질병은 식원병(食源病)이라는 이론을 나는 굳게 믿고 있다. 즉, 모든 질병의 출발 [잘못된 음식] 때문이라는 것이다. 잘못된 음식과 스트레스나 쇼크 등이 합쳐지면 정신적으로나 육체적으로 질병들이 발병하지 않을 수 없다.

패스트푸드와 인스턴트식품 같은 것을 [정크 푸드]라 표현한다. 말 그대로 [쓰레기 음식] (영혼이 없는 음식)이다. 이러한 음식을 즐겨 먹은 사람들이 어떻게 건강한 육체와 건강한 멘탈을 가질 수 있겠는가!!

건강치 않은 음식을 먹은 사람들은 혈액과 혈관 벽과 세포에 나쁜 성분들이 쌓인다. 그러한 시간이 쌓이면 몸과 멘탈은 견디지 못하고 결국 정신적으로나 육체적으로 문제를 일으킬 수밖에 없다. 그리하여 의학의 힘으로 치료코자 하지만, 여기에는 더 위험한 화학적인 성분들이 기다리고 있다. 원래 몸속에 있던 독소들과 화학적인 약들이 합쳐지면, 환자로 전락할 수밖에 없다.

나쁜 일을 저지른 모든 이들은 어떤 음식을 즐겨 먹었는지 데이터베이스화해야 한다고 떠든다. 나쁜 음식을 즐겨 먹고 질병이 발병하지 않으면 그것이 더욱 이상한 것이다.

또, 저녁엔 절대 육식을 하지 말 것을 권한다. 세상의 많은 이들이 저녁에 육식으로 포식하는 이들이 많은 듯하다. 나는 암을 비롯하여, 만병의 원인은 저녁에 육식한 것이 커다란 요인 중에 하나라고 주장한다.

다음은 게임이나 오락에 너무 집중하고 있는 듯하다. 버스나 지하철, 대중교통을 이용해 보면 모두가 핸드폰을 켜 놓고 게임이나 오락을 즐기는 이들이 많다. 물론 좋은 정보나 공부하는 이들도 많을 것이다.

그러나 틈새를 이용해 게임이나 오락을 즐기고 있다. 여기에는 반드시 긴장이 따른다. 몸속에는 나쁜 음식들로 가득하고 정신적으로는 스트레스와 긴장 모드로 집중되면 육체와 멘탈은 견디지 못하고 질병으로, 사고로, 발현될 수밖에 없지 않은가?

DnA 조차 변형이 일어나리라 본다.

이런 상황에서 의학의 힘을 빌리면, 화학적인 약들이 2차로 테러를 가하게 되는 것이다. 정크 푸드를 즐겨 먹고 게임이나 오락을 즐기며 운동이 없는 위험한 사람들이 많아지면 가정이 무너지고, 사회가 무너지고, 세상이 위험해지는 것이다. 시한폭탄이 만들어지고 있는 격이다.

자살지향적인 마인드, 폭력, 욱~하는 성질, 모든 정신 질환, 패륜, 살인, 사기, 도둑…. 건강치 않은 사람들과 사회적으로 물의를 일으키는 사람들은 평소에 어떤 음식을 즐겨 먹었는지? 또 어떤 게임이나 도박, 오락을 즐기고 있었는지? 하루빨리 조사하고 연구하여 음식과 놀이 문화를 바꾸어야 할 것이다.

히키코모리…. 집에만 있고 부모님과 가족과 대화를 끊고 방에만 박혀 있으며 혼자만 모든 것을 행하는 젊은이들도 많다고 한다. 히키코모리의 출발선도 잘못된 식생활 때문이라고 바르게 아는 사람들이 없다.

건강한 사람, 건강한 가정, 건강한 사회, 건강한 나라, 건강한 세상을 만들기 위해선 음식을 올바르게 섭취해야 함을 다시 한번 외친다.

대한민국이 망해가고 있다.

무엇 때문에…. 잘못된 식생활 때문에….

패스트푸드와 인스턴트식품 같은 정크 푸드를 멀리하고 올바른 식생활과 산행을 자주 하면 약 4주가 지나가기 시작하면 몸과 멘탈이 모두 건강하게 변하기 시작한다. 어떤 이들은 놀랍다고 표현하기도 한다.

우리 민족은 뛰어난 점들이 많다.

국민이 모두 건강해진다면 세계를 선도하고도 남을 텐데…. 잘못된 식생활, 그 하나 때문에 무너지고 있다니 안타깝기 그지없도다.

의학이 어떻게 나에게 왔을까?

의학이랄까? 의술이 내게 온 것은 어쩌면 운명이 아니었을까? 그렇게 추측해 본다. 단순히 먹고 살기 위한 수단이었기보단 수학적, 과학적으로 증명할 수 없는 부분이 없지 않다.

나는 어릴 적부터 매우 아팠다.

고등학교 2학년 때까지 육류를 먹으면 토하거나 두드러기가 나거나 이상 반응 나타났고, 생선은 비린내 때문에 먹지를 못했다. 그래서 고등학교 2학년 때, 갑자기 길에서 2번 정도 졸도하곤 해서 깨어보니 병원이었다.

오늘은 여기, 내일은 저기, 일 년에 절반 정도 감기와 기침을 달고 살았고, 다리가 아프다가, 자주 체하고, 머리가 아프고, 다시 배가 아프고, 기침을 많이 하여 목에서 피가 올라올 정도이었다. 결국 시골에서 도회지 중학교에 진학 후 건강 검진에서 폐결핵이란 확진을 받고 치료를 1년 넘게 받았다.(1년 이상 매일 토종꿀을 복용한 것이 폐결핵의 결정적 치료 효과였다고 봄)

젊음이 넘쳐야 할 30대 초반에는 간 기능 검사에서 GOT, GPT가

320이 넘나들곤 했다.

나는 머리가 좋지 않고 뭘 잘하는 것이 없었다. 공부나 미술이나 운동이나 음악이나, 뛰어노는 것조차 잘하지 못했다. 자(尺)를 대고 줄을 그으면 줄이 항상 비뚤게 나타났다.

남들은 몇 번만 보고 배우고 익히곤 했는데, 나는 남들보다 몇 배 더 해도 배우고 익히지 못했다. 그러다 곧 아프고, 괜히 가슴 조이는 일이 많았다. 뭔가를 하면 늘 실수투성이였고, 깨어지고, 부서지고…. 좀 모자라는 2%가 부족한 그런 아이이었다.

하지만 나는 책 읽는 것은 좋아한 것 같다. 이것이 유일한 나의 장점이었다.

군대와 학교 졸업 후 직장 생활도 여러 회사를 전전하였으며 결국 간 기능이 나빠 30대 초반에 직장을 퇴사하지 않을 수 없었다. 나는 40세까지 많이 아팠다. 내가 38세가 되었을 때, 의학과 의술이 스스로 나에게 찾아온 듯하다.

남들은 의과대나 한의대를 진학하여 의학도가 되었지만, 나는 공부를 잘하지 못했기에 그런 좋은 대학을 구경조차 하지 못했다.

만약 내가 명문대 의과대학을 졸업하고 전문의(專問醫)가 되었다면 수술을 잘하고, 양약을 잘 처방하여 매스컴에도 나오고, 명예와 부를 축적해 유명 의사가 되었을지도 모를 일이다. 또한 내가 금수저로 태어났거나 다른 운명이었다면 이 길에 머물지 않았을 것을…. 운명~

간 기능 회복에서 나는 세상 어떤 의학이나 의술에도 밀리고 싶지 않다.

당뇨병에서 가장 올바른 이론을 터득해 있다고 자부하며 또, 그 치료법은 더욱 괜찮은 듯하다. 고혈압을 약물 없이 정상으로 회복시킬 수 있는 것은 현대 의학의 한계를 넘어 있다고 본다.

갑상선, 각종 암, 무릎이 아플 때, 구안와사가 왔을 때, 뇌졸중, 신장질환, 심장병….

내게서 좋아져 갔던 분들이 입이 아프도록 이야기해도 믿지를 않는다는 것이다.

어떤 병원이냐? 한의원이냐? 묻고 또, 라이선스가 있느냐? 결론은 이상한 대체 의술을 한다며 외면하고 오지 않는다. 그러다 유명 병원에서 한계에 부딪혀 목숨이 경각에 이르러 찾아오는 이들도 더러 있다. 온 세상을 돌다가, 죽음이 임박하여 찾아와서는 후회하는 이들도 더러 있다.

분명한 것은, 의학과 의술도 많은 경험과 공부와 비바람 폭풍우를 겪고도 기나긴 세월이 흐른 후에 좋은 경험과 의술과 비방과 깨우침을 얻을 수 있다 본다.

우리 몸은 음식과 호흡, 이 두 가지로 만들어지고 유지해 갈 뿐이다.

의술과 약, 의사들이 존재하는 이유는 몸속에 독소와 노폐물들을 제거하고 혈액과 체액(림프액)을 맑게 하고자 하는 것에 있을 뿐이다.

나는 장사를 잘하기 위하여 공부했고, 손님들이 매번 질문하니 어쩔 수 없이 쫓기어 공부했고, 생사를 넘나드시던 분들의 도움이 있었고, 초야에 묻혀 계시는 명의들과 이미 돌아가신 분들의 비방이 내게 전해져 많은 도움이 되었으며, 시장에서 생선 파는 할머니께서도 엄청난 도움이 되었고, 산천초목과 날아다니는 새들에게서조차 도움을 얻었다.

전국 곳곳에 천하의 명의들이 계셨음을 새삼 알게 되었고, 또 소문만 있고 비법들이 전수되지 못하고 영원히 사라진 비방이 있었음을 들으면 너무도 안타까웠다.

강연이 끝나거나, 사람들이 찾아와서 이야기를 듣고는 가끔 묻는다. 선생님 어떻게 이렇게 공부하시게 되었냐고…?

암 환자들은 내가 암(癌)에만 대처를 잘하는 줄 생각한다. 심장병 환자들은 내가 심장 질환에만 잘 대처하는 줄로 안다. 당뇨병 환자들은 내가 당뇨병만 잘 대처하는 줄 알며, 신장이나, 뇌졸중(중풍) 환자들은 내가 신장이나 중풍에만 잘 대처하는 줄 안다.

그런데 그 많은 질병을 어찌 혼자 잘 대처할까?

그것은 혈액이 탁하고 림프액이 나빠지고 핏찌거기와 콜레스테롤이 많고, 몸속에 독소와 노폐물들이 많아 그러함을 모르며, 그들을 제거하면 몸속의 면역력들이 살아나고 세포들이 회복하여 질병을 스스로 물리친 것인데, 모르고 하는 소리다. 그리고 환자의 마음을 헤아려 마음속의 병을 잘 다룰 수 있어야 한다.

다시 말해, 몸속의 독소와 노폐물, 기생충들을 잘 섬멸하고 혈액과 림프액을 맑게 하면 만병을 다스릴 수 있다는 얘기다. 암 덩어리를 놓아두고 90세 이상까지 건강하게 살 수 있도록 할 수 있어야 한다.

명의는 운명적인 그 무엇이 있어야 하지 않을까 생각해 본다. 비바람, 폭풍우, 거친 가시밭길을 경험하지 않으면 명의로 만들어지지 않는다고 생각한다.

의학의 근본은 굶고, 토하고, 설사하고, 땀을 나게 하는 것에 있다. 이것을 [사병법]이라 한다. 그 외에 전부 대체의학인데, 그 뜻을 바르게 알고 있는 이들이 거의 없는 듯하다.

그리고, 현대 의학이나 한의학이 질병 치료의 완성도가 높아 질병들을 정복했다면, 나의 직업도 분명히 바뀌어 있었을 것이다. 곳곳에서 침을 놓고 뜸을 뜨고 갖가지 민방 의술을 가진 사람들…. 젊은 세대들이 인정하지 않는 대체의학자들도 자연히 도태되고 없어졌을 것이다. 다른 분들은 몰라도 나를 여기까지 올 수 있게 한 것은 나를 신뢰하고 찾아주시는 분들이 있었기 때문이다. 그분들 중에는 자식들이 유명 병원 닥터나, 한의사를 둔 분들도 없지 않다.

그분들은 말한다. "검진은 자식이 근무하는 병원에서, 치료는 박선생이…"

의학과 의술도 사람들에게 진정으로 도움이 되어야 바른 의술이요 의학이다.

나는 히포크라테스나 편작, 허준, 현대 의학과 한의학을 넘어있다는 자부심이 가끔 연기처럼 피어날 때도 없지 않다. 그래도 경험과 공부가 부족하고 배가 늘 고프다.

시간이 더하면 좀 나아지려나…?
나도 나 자신에게 가끔 묻는다.
의학이 어떻게 나에게 왔을까…?

당신도 이런 증상이 있나요?

저혈당증과 식이 영양소 부족

저혈당증이 정신과 신체에 어떤 영향을 미치는지를 자세히 관찰한 보고서가 나와 세상을 놀라게 했다. 이 보고서를 낸 사람은 미국 오하이오주 지방법원 수석 보호 감찰관인 리드 여사이다. 그가 미국 상원 영양문제조사위원회에 제출한 보고서의 한 부분을 요약하면 다음과 같다.

먼저 자신의 저혈당 경험을 말했다. 그가 보호감찰관이 되었을 때 자신의 정신 상태는 형편없이 불안정했고 공연한 우울함과 피로 증세로 시달렸다. 또 때때로 심적 공허를 느꼈으며 어떤 때는 업무 수행을 위해 활동했는데 어떤 동선으로 움직였는지 스스로 기억할 수 없었다. 또 판사를 만나 대화하면서 자기가 지금 무슨 말을 하고 있는지 그 의미가 무엇인지 자기 자신도 모르는 상태가 지속되었는데 후에 보니 그것이 저혈당 증세였다는 것이다. 그때 생활개선을 통해 저혈당을 치료하고 자기와 상태가 비슷한 많은 죄수를 집중적으로 연구했다는 것이다.

리이드 여사는 자기가 보로감찰 하던 106명의 죄수를 관찰한 결과 그들 대부분이 설탕을 주로 사용한 정크푸드를 섭취한 저혈당 상태였으며 비타민과 미네랄이 부족하다는 것을 밝혀냈다. 그리고 리이드 여사는 죄수들과의 면담을 통해 그들 대부분이 저혈당 상태에서 범죄를 저질렀다는 사실도 알게 되었다. 그래서 저혈당 증세가 있는 사람들이 느끼는 정신적 신체적 공통점을 20개 항목으로 정리하였다.

내가 스스로 젊은 날의 느낌과 사람들을 살핀 것을 리이드 여사의 것과 믹싱하였음.

저혈당증 증세

1) 화를 잘 낸다.

2) 집중력이 급격히 떨어진다.

3) 인내력이 없어진다.

4) 기분이 수시로 변한다.

5) 건망증이 자주 있다.

6) 마음이 공허해질 때가 많다.

7) 욱~하는 성질과 감정 조절이 잘 안된다.

8) 긴장이 자주 된다.

9) 머리가 혼란할 때가 자주 있다.

10) 자살 충동이 가끔 있다.

11) 건망증이 심해졌다.

12) 성질이 조급하고 다혈질이다.

13) 배고프면 성질이 난다.

14) 눈 떨림, 눈의 피로, 두 층으로 보이기도 하며 만사가 귀찮다.

15) 불안하고 속이 울렁거릴 때가 있다.

16) 반찬 투정이 잦고, 성격이 급변하는 경우가 많다.

17) 나쁜 생각에 자주 빠진다.

18) 입 안이 자주 헐거나 잇몸 출혈이 잦거나 손톱이 잘 부러지고 면역력이 바닥이다.

19) 긴장과 불안이 자주 발생한다.

20) 갑자기 일어나면 현기증이 자주 있다.

21) 매사 끝마무리가 흐지부지하다.

22) 자주 놀란다.

위와 같은 현상이 복합적으로 나타나면 식이 영양소 부족과 저혈당증을 의심해 볼 필요가 있다.

대부분 범법자에게는 식이 영양소가 부족하고 저혈당증 증세가 있으며, 폭력적인 모든 이들에게도 이러한 증상이 있음을 상기할 필요가 있고, 분노조절 호르몬의 부족과 깊은 연관성이 있음을 거듭 강조하고 싶다.

교도소에서 콩밥이 나오는 이유는 리이드 여사의 연구와 실험으로 그렇게 되었다고 본다. 대두(콩)와 곡물을 온전한 상태에서 요리하여 공급하니 모두가 지난 날을 반성하고 스스로 잘못을 인정하며 교화가 되었다고 한다.

이러한 저혈당증이 발병하는 원인으로는 첫째가 패스트푸드와 인스턴트식품이며, 밀가루 음식, 튀긴 음식, 청량음료 과다섭취, 약물 중독, 육류의 과다섭취, 알코올 의존형 등이다.

특히나, 어린이와 젊은이가 이러한 증세를 보이면 점점 위험한 사람으로 성장할 가능성이 있다는 것이다. 심지어 이혼하는 사람들도 식이 영양소 부족과 저혈당증이 중요 원인이 된다고 본다.

건강한 음식을 먹어야 건강한 육체와 멘탈을 가질 수 있다. 저급한 음식을 먹으면 저급한 육체와 멘탈을 가질 수밖에 없다.

자신이 저혈당증이요, 식이 영양소가 부족하다고 의심되면 스스로 치료해야 하고, 그 치료는 간단하다. 절대 약물에 의존해서는 안 된다.

몸속을 청소한 후, 올바른 식생활과 산행을 자주 하면 저절로 치유가 가능할 것이다.

올바른 식생활과 산행을 자주 하고 있노라면, 약 4주쯤 되면, 건강한 육체와 멘탈과 자신감과 좋은 것들이 속속 나타나기 시작할 것이다.

세계인들의 힐링센터

우리나라의 강점이던 산업들도 지금은 고전을 면치 못하고 있다. 그리고 세계 경제가 좋지 않다. 정보화 사회가 되었고, 모든 면에서 경쟁이 치열하며 여러 면에서 경쟁력이 떨어지고 있는 것들이 많다.

수출로 먹고사는 우리의 현실에서 위기가 찾아들고 있다. 현재 거의 모든 제품이 중국에서 생산된 것들이다. 그러면서 사건과 사고가 빈번히 일어나고 위기의 대한민국이 되어가고 있다.

이러한 시기에 우리나라 국민의 특성을 잘 살려서 독보적이고 세계적인 그 무언가를 가져야 할 것이다. 우리에게는 좋은 두뇌와 다른 민족보다 나은 손기술이 있다. 그것을 의학과 접목해 세계적인 힐링 센터를 건립하여 세계인들이 우리나라에 머물며 몸과 정신을 캐어함은 물론 더욱 건강해진 모습으로 바꿔준다면 세계인들이 앞을 다투어 찾아들 것으로 생각된다. 즉, 세계적인 힐링센터를 건립해 놓으면 좋은 수입원이 될 수 있다는 얘기다.

우리나라는 지금 현대 의학과 한의학이 밥그릇 싸움에 혈안이 되어 있다. 의료 통합이란 말은 표면적이고 실상은 전혀 그렇지 않다. 국민의 건강과 안녕은 강 건너 이야기다. 너무도 강성으로 대립하고 있다. 삭발하고 단식하고…. 누구를 위하여. 밥그릇을 위하여….

한의학에 수술이나 첨단 장비들을 사용하도록 허락했다면, 한국 한의학이 세계의 의학 수준을 끌어올려 질병 치료에 커다란 공헌을 했었을 수도 있다.

힐링센터는 미국이나 다른 나라에서도 성행하고 있고 또, 개인적인 힐링센터가 국내에도 여러 곳에 산재해 있다. 그러나 정부 차원에서 하나의 도시 규모로 클러스터화해서 청정지역(비무장지대)을 개발하여 현대 의학, 한의학, 대체의학, 자연 의학…. 모든 의학적, 의술적인 부분을 가리지 않고 수용하여 세계인들이 방문하여 원하는 코스의 의료 서비스를 제공함으로써 소비자인 방문객들이 만족할 수 있도록 행한다면 커다란 수입원이 될 것이며 많은 인프라가 구축될 것이다. 여기에 종사할 인원도 엄청 많을 것이기에 더없이 좋은 프로젝트라 생각한다.

황토방, 호텔식 룸, 안마, 접골, 카이로프랙틱, 성형수술, 사혈, 소비자가 원하고 또 공식화된 프로그램화로 만들어 놓으면 된다.

우리나라의 여러 조건이 외국보다 좋지 않을까 생각하면 안타깝다. 국가적인 시스템과 플랜으로 운영되고 세계인을 대상으로 글로벌하게 계획을 세워 시행한다면, 환경이 아직은 좋아 세계인들을 흡수할 수 있고 세계인들의 의료 허브 국가로 성장할 수 있다 본다.

대한민국을 세계인들의 힐링 센터로….

간이 나빠지면

간은 흔히들 침묵의 장기라고 표현한다.

간 내부에는 혈관이나 신경 조직이 거의 없기 때문이리라. 그래서 심각한 상황이 진행되었을 때 증상이 나타나는 경우가 종종 있다. GOT, GPT, CT 등 각종 검사를 무력케 하는 경우가 많다는 것이다.

간이 나빠지기 전에 간을 보호하고 예방할 방법들이 있는데 사람들이 모르고 있는 듯하다. 그것은 간을 주기적으로 청소해주면 된다.

간이 나빠지는 원인은 간염 보균, 지나친 음주, 스트레스, 양약의 장기 복용, 잘못된 식생활과 운동 부족 등을 곱을 수 있다.

간의 기능이 떨어지면, 회복시키는 약들도 아직 개발되지 않았다는 것이 안타까운 현실이다. 그런데도 간 질환에 쓰이는 약들이 많다.

우르소데옥시콜린산제제, 바라쿠르드, 비리어드, 헵세라, 고덱스, 제픽스, 인터페론, 아데포비어... 이러한 약들은 치료제가 아니며 간 수치는 떨어뜨리나 장기간 복용하면 간 기능이 오히려 더 나빠진다. 양약으로 간 질환을 치료한 사례는 거의 전무하다. 처음에 한 가지 약을 복용하다 내성이 생기면 두 가지 약을 혼합하여 복용하고 복수나 간성혼수가 발생하고 색전술을 하고, 때론 간 이식 수술하고, 간암으로 진행하는 예도 없지 않으며 그러다 죽음으로 쫓겨가는 것이 간 질환 환자들의 병력 과정이다.

다시 말해, 약들이 부메랑이 되어 환자들의 건강을 황폐하게 만든다. 간에 쓰이는 약들이 가장 취약한 점은 신장에 테러를 가한다는 점이다. 그래서 신장에 악영향에 따라 화학성분의 증감이 정해진다는 사실을 모르는 이들이 대부분이다. 간경화나 간암으로 돌아가신 많은 분이 간장약을 많이도 복용하였다. 환자와 의사들의 열성이 오히려 해가 되었을 줄이야!

한국에서 간 수술 경험 수치가 세계적이라는 의사들도 있지만, 근본 치료와는 거리가 멀고 간 질환 환자들의 근원 치료 사례는 거의 없다. 그러나 자연에서 스스로 간 질환을 고친 이들이 더러 있다. 자연이 참으로 위대함을 새삼 느낄 수 있다.

나는 [막스 거슨]이란 분을 한 번도 만난 적이 없다.

그러나 나는 오랜 전 그분의 이론을 토대로 많은 배움을 얻었다. 나의 멘토요, 나의 스승 중에 한 분이라 칭하고 싶다. 그 분은 간(?)을 매우 중요시 했다.

나도 전에 간이 아주 좋지 않았는데, 지금 나는 손등을 보면 간이 나쁜 것을 대부분 찾아낼 수 있다. 때로는 목소리만으로 간이 나쁜 사람을 구별할 때도 없지 않으며, 냄새만으로도 구별할 때도 없지 않다. 이것은 경험의 산물이라 본다. 그리고 나름의 제품도 만들었고, 의료 선진국이나 현대 의학보다 여러 면에서 안정적이고 효과적이라 본다. 그렇다가 죽음이 임박한 간암이나 간경화 환자를 고칠 수 있다는 것은 아니다. 현재, 세계 의학 수준보다는 비교 우위에 있다고 본다. 또, 간염 환자들을 간경화나 간암으로 발전되지 않게 예방하는 것에도 어떤 의학보다 앞서 있다 본다.

장, 간을 여러 차례 청소시키고, 어떤 음식을 먹어야 하고, 어떤 음식을 피할 것인가가 절대적으로 중요한 변수가 된다. 그리고 많이 걸을 것을 주문한다.

어떤 신문 기사에 [노인이 간암이 발견되어 한 달밖에 못 산다는 결과를 얻고 집으로 왔지만, 맨발로 걷다가 죽겠다는 마음으로 계속 걸었더니 한 달이 지나도 죽지 않아서, 계속 맨발로 걸었더니 얼마의 시간이 지나 병원에서 검진 받았더니, 간암이 싹 나았다는 결과를 받았다고 한다.]

몇 년 전에는 내 집에서 간경화 환자들 모임도 했었다. 그분들은 병원이나 한의학에서 치료 불가 판정으로 쫓겨난 사람들이다.

간이 나쁜 사람을 잘 찾아내는 것이 중요한 것이 아니라, 잘 치유될 수 있도록 바르게 도와주는 것이 중요하다. 또한 간이 나쁜 상태를 미리 예방할 수 있는 메뉴얼도 제시해 주어야 할 것이다.

간의 기능이 떨어지면 이런 현상이 나타난다.

첫째, 피로가 많이 쌓인다.

세상의 모든 의료진이나 의사나 일반인들도 간이 나빠지면 피로 현상을 꼽는다. 그러나 왜 그러한지 물으면 대답하는 의사도 아직 없다. 대답해도 올바르지 않은 이론을 펼칠 뿐이다. 그러나 나는 우연히 간이 나빠지면 왜 피로한지 알게 되었다.

간 내부에는 혈관들이 없고, 통로로 되어 있다. 이 통로의 이름을 [시누소이드골]이라고 부른다. 이 골짜기에 노폐물들이나 독소들이 쌓이면 피로 현상이 나타나기 시작한다. 그러면 초음파나 첨단의 기계로 들여다볼 수 있지 않나 묻지만, 간 내에 쌓인 노폐물들은 콜레스테롤이 대부분이기에 카메라에 잘 나타나지 않는 것이다.

시누소이드 골에 노폐물들이 쌓이면 영양공급이 어렵고, 몸속의 나쁜 물질들을 정화하지 못하니 몸이 쉽게 피로하고, 피로가 누적되는 것이다. 또한 화학적인 약품이나 기름진 음식이나, 정크 푸드를 많이 섭취하고 운동하지 않으면 간도 반드시 나빠지게 된다.

둘째, 눈의 시력이 떨어지고 갑갑하다.

"눈은 간의 창이다." 이런 말이 있다. 이 말이 참으로 옳은 표현인 듯하다.

안구건조증, 백내장, 녹내장, 황반변성 등 눈 질병의 원인 중 대부분은 간이 나쁘고 혈액이 탁한 원인임을 모두가 깨우쳐야 할 것이다. 그리고 자연적인 눈의 노화 현상도 간에 노폐물들이 많아 그러함을 깨우쳐야 한다.

눈병이 발병한 것은 간 내에 노폐물들이 많이 끼였고, 혈액이 탁하 여지없음을 깨우쳐 보세!

셋째, 소화 불량이나 속이 갑갑한 느낌이 자주 든다.

소화 불량이 잦고 자주 체하고 하는 것은 간이 나빠 그러함을 모르는 이들이 많다.

소화는 간이 한다는 편을 참조해 보시길...

넷째, 호르몬의 급격한 감퇴

호르몬을 만드는 기관은 인체에 여러 곳에서 이루어진다. 그러나 그 호르몬을 만들 수 있는 재료는 간에서 영양분을 공급받아야 한다. 간의 기능이 떨어지면, 음식물을 대사시켜 인체 내부 전체에 골고루 영양분을 공급하지 못한다. 그러므로 호르몬의 생성이 급격히 떨어진다.

다섯째, 성질이 예민해지고 짜증을 잘 낸다.

성질이 예민하고 짜증을 잘 내는 것은 음식을 잘못 섭취하여 몸이 좋지 않은 것이며, 더 깊이 들어가면, 간의 기능이 떨어진 탓이다. 그 이유는 간 내에 노폐물들이 많으면 독소 물질들을 정화하지 못하고 간 내에 정체해 있기 때문이다. 독소 물질들이 많아지면 스스로 짜증이 나고 성질이 예민해질 수밖에 없으며 [분노조절호르몬]이 부족해진다.

여섯째, 밀가루 음식과 단 음식을 좋아하게 된다.

간이 나빠지면 딱딱한 음식을 멀리하게 된다. 육류를 먹는 것도 조금밖에 먹지 못하며 결국 피하게 된다. 그것은 간에서 위장 벽으로 영양을 공급해야 하는데 그것이 어려워지기 때문에, 쉽게 소화할 수 있는 밀가루 음식들이나 죽 등을 즐기게 코드가 바뀌며, 단 음식을 좋아하는 이유는 당뇨병과 관계없이 포도당을 합성하고 흡수 처리가 쉽지 않기 때문에 간의 기능이 떨어지면 부드러운 음식, 물기가 많은 음식, 단 음식을 즐기게 코드가 바뀐다.

일곱 번째, 다리에 가끔 쥐가 나고, 어깨와 등이 자주 결린다.

간의 기능이 떨어지고 신장의 기능이 떨어지면 다리에 자주 쥐가 난다. 그것은 혈액의 공급과 영양분의 공급이 원활치 않아서 그러하다고 본다. 사람들이 다리에 쥐가 자주 난다고 말하는 사람들 90% 이상이 간의 기능이 약하고 신장의 기능이 약함을 경험하였기 때문이다.

여덟 번째, 술이 잘 깨지 않고 취기가 오래 간다.

의학계는 말한다. 간은 인체의 최대 정화조라고…. 온갖 영양분들을 제공함은 물론 인체의 나쁜 물질들을 걸러 담즙을 통하여 배출시키는 것을 두고 한 말일 것이다. 술을 많이 먹어도 아침에 쉽게 일어나고 정신이 맑으면 건강한 것이고, 전보다 아침에 일어나기 힘들고 술기운이 오래 가는 것은 간의 기능이 떨어졌다는 것을 의미하는 것이다. 이때 우루소데옥시콜린이란 성분을 복용할 것이 아니라, 장과 간을 먼저 청소하고 녹즙을 잘 마시면 큰 효과가 있다.

아홉 번째, 혀의 뒤쪽을 보면 어혈이 많고, 깨끗하지 않고, 실핏줄이 있다.

열 번째, 기억력이 떨어지고 건망증이 자주 발생한다.

뇌의 기능은 간에서 올바른 영양분이 공급되어야만, 컨트롤타워가 정상적으로 행하여진다. 그러나 간의 기능이 떨어지면 영양의 공급이 줄어들고 이상한 물질들이 공급될 것이다. 이러하면 곧바로 기억력이나 총명함이 사라지며 건망증이 심해진다.

그래서 간이 나빠지면 방향 감각이 둔해지고, 눈의 시력이 저하되고, 몸의 밸런스가 깨어지는 것이다.

그 외에도 많은 증상이 있다.

간이 나빠지면 먼저 몸속을 청소해주어야 한다.

둘째, 필요하면 사혈도 권한다.

셋째, 올바른 식생활을 해야 한다.

넷째, 잠을 잘 자야 한다.

다섯째, 맨발로 많이 걸어보시길….

불치이병 치미병(不治已病 治未病) : 이미 병들고 나서 치료하지 말고, 병들기 전에 다스려라.

건강한 정자, 난자, 건강한 호르몬

남성의 정자 수가 1억 2천 개 정도가 되어야 건강한 남성이라고 한다. 20대의 정자 수가 그 정도 되어야 하는데, 1억 2천 개의 정자 수를 가진 젊은이를 찾아보기 힘들다고 한다.

일제 말기에 1945년도 젊은 한국인의 정자 수가 평균 1억 2천이 되었다고 한다. 먹을 것이 모자라, 영양이 불충분한 그 어려운 시기이었는데 불구하고...

그러다 1980년도에는 평균 8,000개로 숫자가 확 줄었다고 한다. 그 후 2,000년에는 5,000개 미만으로 떨어졌다고 한다.

[또, 덴마크 스카케벡 박사가 1992년 전 세계 21개 국가에서 1만 5,000명의 남성을 대상으로 한 연구 결과에 따르면 1940년에는 정자 수가 1cc당 평균 1억 3,000만 마리였으나, 1990년에는 6,600만 마리로 45% 감소했다. 약 50년 사이 정자 수가 절반 가까이(45%) 감소했다는 이야기다.

우리나라에서도 2004년 건강한 남성 194명(평균 22.1세)의 동의를 얻어 검사한 결과 정자 수에서 정상 기준에 못 미치는 경우가 4

명, 정자 운동성에서 정상 기준에 못 미치는 경우가 85명이었다고
한다.]

인터넷 검색에서

남성의 정자 수가 5,000개 미만으로 떨어지면 자연임신이 어렵
다고 한다. 그래서 인공수정이며 시험관에서 불임을 해결하고자 하
는 것이다. 그나마 적은 양의 정자에서 가장 건강한 정자를 골라 자
궁에 넣어 착상시켜도 난자가 건강하지 않거나 자궁이 너무 차가우
면 이것마저 어려워지고 여러 번 시도해야 한다.

옛날 어른들은 농담하신다. "우리는 손만 잡고 잤는데 임신이 되
더라고…!"

정자 수가 줄어들고 운동성이 부족하고, 건강치 않은 난자와 자
궁도 임신을 어렵게 만든다. 왜 이러한 건강치 못한 호르몬들로 변
하나?

이유는 간단하다. 환경의 오염을 첫째 원인으로 봐야 한다.

둘째는 잘못된 식생활에 있다. 셋째는 움직임의 부족에 있다.

이러한 이유가 합쳐져 호르몬의 교란이 일어난다고 한다.

호르몬의 교란…? 혼족들이 많다고 한다.

돈이 없어서 결혼하지 않았나? 직업이 없어서 결혼하지 않는가?
능력이 모자라서 결혼하지 않는가? 능력이 넘치어 자기 생각에 맞
는 사람이 없어 결혼하지 않는 여성들도 있다고 한다.

혼자 사는 것은 궁극적으로 호르몬의 교란이 일어났기 때문이 아
닐까 생각해 본다. 기회가 된다면 [도둑 맞은 미래]란, 책을 한 번쯤

읽어 보시길….

건강한 정자 건강한 난자를 갖기 위해선 첫째, 정크 푸드를 먹어선 안 된다.

똑똑한 아이를 낳으려면 나쁜 음식을 먹지 말아야 한다. 남성과 여성 모두 인스턴트식품, 패스트푸드 같은 정크 푸드를 먹고 있으면 임신도 어렵고 아이가 태어나도 아토피와 같은 질병이 유발될 수도 있다.

건강한 정자 건강한 난자를 갖기 위해선 움직임이 많아야 한다. 늘 앉아서 일하고 앉아서 컴퓨터를 해야 하고 앉아서 모든 것을 행하면 건강한 정자와 난자를 가질 수 없다. 서서 컴퓨터를 하고, 서서 일하고, 그리고 산행을 자주 해야 한다.

또 더 적극적인 방법은 장, 간을 청소할 것을 권한다.

이렇게 하면 자연 임신이 되지 않는 것, 그것이 더욱 이상한 일이라 본다.

나는 2022년에 60세가 된다. 우리 딸은 지금 15개월을 맞이하고 있다. 집사람은 베트남인으로 올해 38세다. 우리는 2018년 국제결혼 했다.

나는 아이가 너무 갖고 싶었다. 그 전에 결혼생활은 실패했고 아이도 없었다.

2019년 초에 집사람에게 문제가 있나 싶어 두 번, 두 곳의 여성병원에 갔는데 자궁이나 건강에 전혀 문제가 없다는 것이다. 집사람이 나에게 문제가 있다고 하길래, 설마 내가…? 나는 평소에 정크 푸드를 되도록 먹지 않는다. 몰래 병원을 가 봤다. 결과는 정자 수가 4,000개 미만이고, 운동성이 없고, 또 당뇨병 초기 증상이 보인다며, 자연 임신은 불가능 판정이 나왔다.

2019년 7월 중순경쯤 나는 혼자 시골집으로 돌아왔다. 아침에 가끔 운동하고 음식을 정갈하게 먹고 시골 일이며 식품 제조일이며 바빴다. 2020년 4월쯤에 서울에 있는 병원에 가서 집사람과 함께 불임 시술받기로 했다. 그런데 2019년 11월에 자연 임신이 되었다.

그리고 또 둘째가 2022년 5월에 태어난다.

예기치 않은 둘째…. 나이 60에 두 아이를 갖게 된다.

첫째가 딸이라, 둘째는 아들을 만들려고 계획하고 때를 맞추어 시도해야지 했는데, 임신이 덜컹 돼 버렸다. 딸일 가능성이 크다고 의사가 이야기한다. 안타까움이 넘친다. 남자아이로 만들 수 있었는데… 그것도 운명…

불임 부부는 돈 들이지 않고 자연 임신이 가능하도록 노력하면 거의 다 된다고 본다. 몸속을 청소하고 정크 푸드를 멀리하고 산행을 자주 하고 올바른 식생활을 하면 의학의 힘을 빌리지 않고 건강한 아이를 가질 수 있다 본다.

여조카 둘이 결혼하고 몇 해가 지나도 임신이 되지 않았다. 누님과 형님의 딸들이다. 나는 그들을 임신할 수 있게 해 주었다. 둘 다 남자아이만 낳았다. 조카 사위들에게 문제가 있은 것이 아니고, 순전히 우리 조카 질녀들에게 문제가 있었다. 그들은 나에게 고마운지 모르고 있는 듯…

나이 든 분들도 건강한 호르몬을 갖고자 하는 이들이 더러 있다.

얼마 전 멀리서 할아버지는 82세, 할머니는 79세쯤 되었을 노부부가 오셨다. 내가 아는 지인의 6촌 형님 되신다고 했다. 물론 지인이 모시고 오신 것이다.

내가 할 수 있는 조치와 장, 간, 신장을 청소하는 제품도 팔았다. 한 10일쯤 지나 건강이 어떠신지 안부 전화를 드렸더니, 느닷없이 부부 관계해도 되느냐고 물으신다. 나는 그냥 놀랐다…! 호르몬은 분비되지 않는다고 이야기하신다. 나는 마늘과 꿀을 사용하여 호르몬을 생성하는 방법을 알려 드렸다.

비아그라는 정액이나 호르몬을 생성할 수 있게 하는 약품이 아니다.

나는 건강한 정자, 난자, 건강한 호르몬을 생성할 수 있도록 도와주는 제품을 가지고 있다. 앞서 서술하였지만, 정크 푸드를 멀리하고 몸속을 청소한 후에 복용하면 많은 도움이 될 것이다.

건강한 호르몬, 건강한 삶에 도움이 되었으면….

사혈(瀉血)에 대하여

20년 넘게 머리와 손을 떨며 파킨슨병을 앓고 계신 84세 정도의 할머니를 만났다.

말씀도 중간중간 힘들어하시며 끊어지곤 하였다. 그런 할머니께 코안 쪽을 사혈해 드렸더니 그 뒤로는 파킨슨병이 없어져 버렸다. 파킨슨병을 치료하려는 것이 아니라, 할머니께서 눈이 아프고 머리가 자주 어지럽다고 해서 잠시 머리 아픈 것을 도와 드리려고 한 것인데, 그런 놀라운 일이 벌어진 것이다.

어떤 분에게 왜 사혈을 받으십니까? 물었더니, 치매와 뇌졸중(뇌출혈, 뇌경색) 예방에 도움이 될 듯해서 받는다고 한다.

사혈의 목적은 사멸(死滅)된 혈액을 뽑아내어 새로운 혈액이 만들어지는 조혈 작용을 돕는 것과 림프액과 몸속의 유독 가스와 새로운 호르몬을 생성할 수 있도록 환경을 만들어주는 것에 있다.

현대인들에게 발병하는 모든 질병은 모두가 혈액과 림프액이 탁하여 발병한다고 본다. 그러기에 현대의 의학이나 의술의 최고 목적지는 몸속에 있는 독소와 노폐물들을 제거하고 혈액과 림프액을 맑게 하는 것에 있을 것이다.

혈액과 림프액이 탁하고 오염되어 암을 비롯한 각종 질병이 발병하기에 혈액과 림프액의 변질한 것들을 제거하는 직접적인 방법이요, 가장 효과적인 방법이 사혈이다. 사혈은 즉흥적으로 효과가 나타나며 안전하며 역동적이다. 너무도 놀라운 효과에 취하여 횟수나 양을 조절하지 못하고 계속하면 혈액의 부족으로 오히려 역효과가 나타난다. 사혈의 단점과 폐단은 여기에 있을 뿐이다.

사혈을 받기 전에 장, 간을 청소하고 시행하면 안전하고 더 큰 효과를 얻을 수 있다.

사혈은 혈액 순환과 나쁜 체액을 뽑아내는 소중한 의술의 퍼포먼스며 장, 간, 신장 등의 청소는 몸의 내부 청소라고 칭하고 싶다.

사혈은 현대 의학이 혐오스럽다, 비과학적이고, 비의학적이라며 비하한다. 그러나 사혈은 그러한 비난을 뛰어넘을 만큼 위력이 있고, 의학과 의술에 없어서는 안 될 하나의 중요한 요법이요, 치료법이라 본다.

비타민, 오메가, 루테인, 콜라켄 등을 1T(톤)이나 한 트럭 분량을 복용하는 것보다 한 번의 올바른 사혈이 더 효과적일 수 있음을 아는 이들이 별로 없다.

몸속에 있는 독소와 탁해진 혈액들은 사혈이 아니고는 어찌할 방법이 없다. 혈전용해제, 혈액순환개선제, 혈관 확장제, 아스피린... 이러한 제품들은 화학적이다. 이것은 반드시 인체에 해로움을 주고 역습하며 명(命)을 단축케 한다.

무엇이 혈액을 탁하게 하고 오염되게 하였나, 그것은 잘못된 식생활, 운동 부족, 스트레스 때문이다. 그것들이 합쳐져 혈액과 림프액을 파괴한 것이다.

적혈구가 노화되거나 독소와 스트레스로 깨어져 변형되며 서로 엉기어 붙는 것이 어혈(혈전)이다.

한의학과 현대 의학이 서로의 영역을 침범하지 말라고 하며, 한의학에서는 수술이나 첨단 장비를 쓰지 못하게 한다. 한의학에서도 수술과 첨단 장비를 사용하게 하였다면, 아마 세계를 제패하고 의학과 의술을 한 단계 업그레이드와 했을 것이다.

국민의 건강과 참된 인술과 의학이 아닌, 자기 밥그릇 싸움에 머리 깎고 농성을 부리며 사생결단한다. 우리들의 의학이 세계적이고도 남음이 있을 진데 밥그릇 싸움에 국민의 건강도 의학의 수준도 떨어뜨리고 있다. 암튼, 사혈은 참으로 놀라움을 보여준다는 사실은 숨길 수가 없다.

눈이 갑자기 밝아졌다. 다리가 가벼워지고 걷기가 편하다. 코와 눈이 시원하다. 머리 안이 시원하고 기억력이 회복되는 듯하다. 얼굴이 갑자기 맑아진다. 가슴이 시원하다. 등은 현대 의학이나 한의학이 보여 줄 수 없는 놀라운 현상이다.

당뇨병에 제일 먼저 행해야 하는 것이 사혈이다. 뇌졸중에 가장 필요한 것이 사혈이다. 암이나 간경화에 가장 효과적인 것이 사혈이다.

만병에 사혈을 잘 활용해 보면 그저 놀랄 따름이다. 앞서 서술하였지만, 효과에 취하여 자주 한다거나 양을 조절하지 못하면 역효과가 날 수 있다.

일 년에 한 번 정도 사혈을 받으면 종합영양제를 1,000kg 복용하는 것보다, 산삼을 100뿌리 먹는 것보다 건강 증진과 치료에 도움이 될 것이다. 사멸(死滅)된 혈액이 혈관 내에 정체해 있어 몸이 무겁고, 눈의 시력이 떨어지고, 다리가 무겁고, 뒷머리가 당기고, 성질이 조급해지고, 심장이 힘들어하고…. 암이며 만병(萬病)이 일어난 것인데, 모르고 어떤 영양제나 약재를 먹는다는 것은 인체를 더욱 황폐하게 할 뿐이다.

유럽은 아직도 사혈을 신봉하고 있다.

혈관 속에 있는 고지혈, 코르티솔, 활성산소, 플라크, 노화된 혈소판과 백혈구의 찌꺼기들, 콜레스테롤, 젖산, 망가진 적혈구의 찌꺼기들, 이러한 나쁜 물질들은 사혈이 아니면 뽑아낼 수가 없다.

혀 밑을 사혈해 보면 적혈구들이 엉겨 있는 것이 엄청나게 무시무시하게 많다. 누구라도 아~ 탄식이 절로 나고 의학과 의술이 너무 잘못되어 있음을 실감할 수 있다.

구안와사가 왔을 때, 눈이 맑지 않을 때, 당뇨병이 있을 때, 고혈압이 있을 때, 허리가 자주 결릴 때, 다리가 너무 불편할 때, 뇌졸중이 있을 때, 혈압이 높을 때, 기억력이 넘 떨어질 때, 컨디션이 떨어질 때, 몸속을 청소하고 사혈해서 혈관 속에 있는 나쁜 물질들을 제거해 줘야만 새로운 혈액과 호르몬들을 생산하려 순환이 일어나고, 모든 몸속의 유기체가 새로운 환경을 만들려는 퍼포먼스가 일어난다.

코안을 사혈해 보면 눈이 그렇게 맑아지고, 뇌 안이 그렇게 시원해지는 듯하다. 어떤 이들은 선풍기가 머릿속에 들어온 듯하다고 말하는 이들도 없지 않다. 그리고 숨쉬기가 그렇게 좋다. 뇌의 기억력이 다시 살아날 듯하다. 구안와사가 와도 반드시 코안을 사혈해야 한다. 그리고 뇌졸중을 비롯하여 다른 많은 질병이 저절로 예방되는 듯하다.

금진옥액을 하면 심장이 시원해지는 듯하다. 그리고 온몸에 있던 나쁜 물질들이 빠져나가는 듯하다. 그리고 다리까지 시원해진다. 어깨 결림, 이러한 것들도 참으로 도움이 된다. 또 다리에 사혈 받으면 그렇게 가벼워질 수가 없다. 불임 치료에도 거의 60% 이상, 자연 임신이 되는 놀라움이 있으며, 의학과 의술을 뛰어넘는 많은 놀라움을 보여준다.

사혈은 부위를 잘 선택해야 하고, 효과가 좋다고 연속하면 안 된다. 반드시 혈액이 조혈(造血) 되는 환경을 만들어주고, 시간도 기다려 줘야 한다. 사혈의 폐단이라면, 효과가 좋다고 무작정 계속하기 때문이다. 그리고 어깨나 등, 배, 다리, 눈, 손바닥, 귀, 머리 등에 사용하는데 수지침으로 부항으로 하는 것은 하등의 요법이지만, 그래도 효과가 있다.

의학이 더욱 진실하고 바르게 나간다면 현대의학과 한의학이나 그 외의 의학이나 의술에서도 소중한 치료법이요, 방편으로 사용될 것임에 나는 확신한다.

다시 말하지만, 사혈이란 죽은 혈액과 나쁜 물질들을 빼내고 새로운 혈액과 호르몬이 생성될 수 있도록 하는 것에 그 목적이 있다.

고혈압과 저혈압

　고혈압의 원인은 혈관 내에 고지혈, 고콜레스테롤, 플라크, 노화된 혈소판 찌꺼기, 혈전(어혈, 적혈구의 연전 현상) 그리고 약물 호남용(好濫用), 활성산소 등이 쌓이어 혈관이 좁아지고 혈액이 탁해져 발병한다.

　세상에 고혈압 환자도 많고 약들도 많다. 그러나 고혈압의 원인을 제거하는 데 관여하는 약품은 아직 개발되지 않았다.

　이뇨제, 다음은 칼슘길항제, 안지오텐신전환효소억제제, 알파베타 차단제…. 이것이 전부다.

　고혈압을 일으키는 원인은, 육류의 과다섭취와 잘못된 식생활과 운동 부족, 스트레스 때문이다. 육류를 섭취하지 않는 사람들은 반대로 저혈압이 나타나는 경우가 대부분이다. 그런고로, 고혈압을 치료하기 위해선 육류의 섭취를 반드시 삶은 것으로 해야 하며 저녁엔 절대 육류를 먹어선 안 된다.

　저녁에 육류를 섭취하지 않는 것은 모든 치료와 건강 지킴의 출발선이요, [신의 한 수] 라고 외친다.

이 [신의 한 수]를 잊지 않으시면, 만수무강에 많은 도움이 된다. 심지어 죽음에 까지도….

사람들은 고혈압약을 복용하고 있으면 위험에서 벗어날 수 있다 착각하게 된다. 눈앞의 위험은 피할 수 있는지 모르지만, 더욱 위험한 영역으로 들어가고 있음을 모르는 이들이 많다. 대부분 의학도가 그것을 이야기하지 않는다.

고혈압약의 부작용으로는 변비, 두통, 심장이상박동, 발진, 하지부종, 불면증, 성기능감퇴, 신장기능저하, 어지럼증 등을 꼽을 수 있다.

모든 화학적인 약들이 그러하듯, 고혈압약으로 인하여 인체가 서서히 망가지고 있음을 나중에야 알게 된다.

양약 없이 근원적으로 고혈압을 고칠 수 있는데 무작정 화학적인 약을 처방하고 먹는 안타까운 세태가 계속 진행되고 있다.

원인을 알지 못하는 것을 본태성 고혈압 또는 1차성 고혈압이라 부르는데, 원인을 알지 못하기에 치료 약도 없다. 그런데도 현재 고혈압에 쓰이는 약들을 살펴보면 이뇨제, 칼슘길항제, 안지오텐신전환효소억제제, 알파차단제, 베타차단제 이러한 약들이 있다. 그러나 이러한 약들은 고혈압 치료제가 아니다. 임시 증상 완화 약이다. 그러므로 약을 복용치 않으면 전보다 더 높아지거나 위험해지는 것이다. 약사나 의사들도 고혈압의 근원 치료를 몰라 위험하고 너무도 해로운 약을 처방하고 있다. 이러한 양약을 계속 복용하면, 인체는 유린당하고 명(命)을 재촉당한다는 사실을 깨우쳐야 하며, 돌연사에도 깊은 관계가 있을 것으로 추측된다.

우리는 약의 약리 작용대로 표현해야 한다. 고혈압약이라 부르지 않고 이뇨제, 수분탈수제, 칼슘길항제, 안지오텐신전환효소억제제, 알파 및 베타차단제, 이렇게 불려야 옳은 표현이다.

나는 고혈압에서 화학적인 약 없이 완전히 벗어날 수 있다고 본다. 나의 경험에 의하면 그것이 또한 어렵지 않다는 것이다.

10~20년 고혈압약을 꾸준히 복용하신 분들이 많은데, 고혈압 환자들에게 먼저 장, 간, 신장 등을 청소케 하고, 튀긴 음식과 구운 육류를 피하며 정크 푸드를 삼가고 올바른 식생활과 함께 매일 아침 식전과 저녁에 양파를 썰어서 삶아 그대로 드실 것을 권하며 아울러, 혈액을 맑게 할 수 있는 제품도 복용케 한다. 또한 일주일에 2~3회 정도는 빠른 걸음으로 걸어 등에 땀이 날 정도로 운동할 것을 주문하며, 필요하면 사혈과 녹즙도 권한다.

고혈압 약은 1차 장, 간 청소를 한 뒤에는 반으로 줄여 복용할 것을 주문한다. 그리고 호전 상태에 따라 약을 줄여가며 행하면 얼마 지나지 않아 고혈압 환자 10명 중 7~8명 이상은 고혈압에서 완전히 벗어남은 물론이요, 전보다 더욱 건강해 짐을 볼 수 있다.

이제 의학도 새로워져야 하고, 환자들도 새로워져야 한다. 화학적인 약품이나 건강보조식품에서조차 빨리 벗어나야 한다.

평소에 음식을 올바르게 섭취함으로써, 고혈압에서 완전히 벗어나고 다른 질병에서도 벗어나 항상 건강한 육체와 멘탈을 유지할 수 있어야 한다.

[얼마 전에 74세 할머니가 왔었다. 오래전부터 고혈압약과 당뇨약을 복용하고 있었다.

많은 이들에게 고혈압약과 당뇨약을 서서히 줄이며 결국 끊어야 함을 강조한다. 그 할머니는 나의 말을 잘 따라 주었다.

아마 자식들에게 이야기했다면 불가능했을 것이다. 그 할머니는 병원에 가서 혈압과 당뇨 검사를 했다. 그랬더니 혈압 137, 당뇨 수치는 170 정도 나왔는데, 의사가 "정상입니다." 그렇게 답을 해서 너무 기쁘다는 것이다. 물론 당수치는 점점 내려갈 것이라 확신한다.]

[또 한 분은 70세 되신 남성분으로, 혈압약, 당뇨약, 아스피린, 심장약, 우울증약, 수면제 등을 복용하시는 분이 왔었다. 자그마한 체구이신데 배가 많이 나와 있었다.

나는 나의 요법으로 시행케 하여 그 모든 약을 끊게 했었다. 매일 전화가 온다. 그런데 놀라운 일들은 몸이 더욱 좋아지고 계시었다는 것이다. 나는 그분에게 일어날 위험한 요소들을 감지하며 현대 의학을 넘어 너무도 소중한 자연 의학을 그분에게 펼치고 있을 뿐이다.

그분은 전화에서 심장 수술 날짜를 뒤로 미룰 것을 심각하게 고민하고 계신다고 전하신다.]

저혈압

혈압이 100 이하의 사람들이 더러 있다. 100 이하의 사람들을 저혈압이 있는 사람들이다.

저혈압의 사람들은 장이 나쁘거나, 심장이 나쁘거나, 폐가 나쁘거나, 간의 기능이 떨어져 있거나, 몸이 냉한 사람들이 그러하다. 그리고 나이가 많고 노년의 말경이 되면 누구나 저혈압이 된다.

혈액과 영양분이 충분하게 공급되지 않고 움직임이 느려지면 저혈압이 나타난다. 어떤 사람은 뚱뚱하여 혈액 순환이 되지 않아서 저혈압이 발병하고, 어떤 이들은 마른 체형으로 저혈압이 있다. 체온도 36.5℃가 되지 않는 경우도 많다.

양양분을 바르게 섭취하지 못하고 몸속의 열량이 부족하여 몸이 냉한 것이다. 냉한 체질이고, 기력이 부족한 것이다.

음식을 먹어도 소화, 흡수하지 못하는 장을 가지고 있고, 간의 기능이 떨어져 있는 사람들이 대부분이다. 밀가루 음식을 계속 먹고 술이나 청량음료를 자주 마시면 저혈압에 걸리기에 십상이다.

몸속에 충분한 영양분이 없어 보일러가 정상적으로 가동되지 않는 경우이다. 활력이 떨어져 있으면 체질을 바꾸어야 한다. 때로는 몸속에 나쁜 기생충들이 많지 않나 의문이 드는 예도 없지 않다.

치료를 위해선 먼저 음식을 바꾸어야 한다. 밀가루 음식을 피하고, 인스턴트식품 같은 정크 푸드를 끊어야 한다.

먼저 장, 간을 청소하고 육류나 뿌리채소나 열량이 있는 음식을 자주 먹을 것을 권하며 많이 걸을 것도 주문한다. 간을 여러 차례 청소하여 담도의 협착을 넓혀주어야 한다.

양양분은 담즙이 원활히 분비되어야만 장에서 간으로 충분히 흡수될 수 있다.

담즙이 적은 사람은 영양분의 흡수도 적어진다. 이런 상태라면, 항상 저혈압과 저혈당증에 걸릴 수 있다. 또, 신장의 기능이 약한 사람 중에 저혈압 환자들이 많다. 이런 이들은 신장을 청소해 주어야 한다.

장, 간, 신장을 여러 차례 청소한 후 음식을 바르게 섭취하면 저혈압에서 벗어날 수 있다. 저혈압에 도움이 되는 차로는 생강 효소에다 대추 달인 물을 1:1로 믹싱하여 자주 드실 것도 권한다.

술 만한 약은 없다.

술의 역사는 계산되지 않는 것이 정설이다.

그리고 술로 인하여 폐인이 되고 죽음을 맞고, 나라마저 망하게 하고 술로 인한 피해가 엄청나다. 현실에도 술병이나 술버릇이 고약하여 가족이며 주위에 피해가 되는 이들이 없지 않다.

마치 칼의 양면성과 같이 잘 사용하면 인간에게 아주 유용한 도구가 되고, 잘못 사용하면 흉기가 되어 사람을 상(傷)하게 하는 것과 같은 이치리라.

성공하는 사람과 그렇지 못한 사람과의 차이는 판단력과 절제력에 있지 않나 생각될 때도 있다. 즉, 술도 성공하는 사람들은 절제하여 유효 적절하게 마시는 것이다. 좋은 차는 비싸고 잘 달리는 차가 아니라, 안전하고 브레이크가 잘 듣는 차라고 한다.

술은 언제, 어떻게, 마시느냐가 가장 중요하다.

고전에는 "술이 백약(百藥)의 으뜸이다." 이런 말이 있다. 참으로 잘된 말이요, 옳은 표현이라 생각한다. 그러면 술이 왜 백약의 으뜸이라고 말했는지 알아보자.

술을 적정량으로 애용하면 몸속에 있는 독소나 활성산소와 고지혈이나 콜레스테롤을 태울 수 있기 때문이며 또, 술(알코올)은 혈관 확장제다. 몸속에 나쁜 물질들을 몸 밖으로 배출할 수 있는 가장 효과적인 방법이 알코올이 될 것이다.

술이 천하의 명약이 되는 이유는 위와 같은 이유 때문이다.

그러나 술을 먹으면 얼굴이 붉게 변하는 사람들은 술을 먹지 않는 것이 좋다. 그러한 현상은 몸속에 알코올을 분해하는 효소가 없는 사람들이기 때문이며, 간의 기능이 약한 사람들이 대부분이다.

나는 간 기능이 몹시 약하여 소주를 한두 잔 마시면 얼굴이 금방 붉게 물든다. 그리고 더 먹으면 배도 붉게 변하고 숨도 가빠지기도 한다. 또 눈가엔 흰색의 분비물도 낀다. 그러나 나는 육류를 먹을 땐 꼭 술을 마시려 노력한다. 왜냐하면 육류를 먹을 때 술을 마셔야만 육류에 있는 나쁜 콜레스테롤이나 유해 성분들을 녹이고, 배출시킬 수 있기 때문이다.

어떤 아주머니가 말했다. 자기는 절대 술을 마실 수 없다고…. 술만 마시면 머리가 아프고 속이 울렁거리고, 숨이 가빠진다고…. 나는 말 한다. "육류를 먹으며 술을 마시지 않는 사람은 참으로 어리석은 사람들이라고…!"

술을 마시지 못하는 사람들은 여러 차례 장, 간을 청소한 후에 술을 먹으면 간과 인체 전체가 호전됨을 실감할 수 있다. 어떤 여성들은 남자들보다 더 술을 잘 먹을 수 있게 된 이들도 없지 않다.

할머니들이 팔다리와 목, 어깨가 아프다고 호소하면, 나는 약보다는 술을 적극적으로 권한다. 그리고 실질적으로 술을 마시면 웬만한 통증은 쉬이 없어지고 몸이 가벼워지며 소화가 잘되고 건강에 많은 도움이 된다. 그러나 빈속에 술을 마시면 안 된다. 내가 술을 권하는 방법은 저녁밥을 먹을 때 반주로 한 두 잔을 드시라는 것이다.

심부전을 앓고 있는 사람들이나 약간의 신장 질환이 있는 사람, 뇌졸중, 파킨슨병, 알츠하이머, 수족냉증 등의 질병에도 술이 한 두 잔 필요하다고 본다.

파킨슨병을 앓던 할머니를 단번에 코안의 사혈로 고쳤다. 그리고 재발을 방지하기 위하여 매일 저녁 식사 때 반주로 와인을 반 잔씩 드시라고 했다.

"무지하고 미련한 사람이 밥이나 육류를 좋아하고, 현명한 사람은 술을 유용하게 마신다."

성인병의 90% 이상은 원인이 혈액순환장애에 있다. 술은 혈액순환장애를 잘 해결할 수 있는 약이다. 그러므로 술이 백약(百藥)의 으뜸임을 거듭 강조하고 싶다.

약국에 가면 약이 즐비하게 진열되어 있다. 병원에 가면 의사들이 많다. 그러나 술을 능가할 수 있는 약이나 의사도 드물다고 본다.

백세(百歲) 하는 노인들의 성별 비율을 알아보면 여성들이 남성들보다 훨씬 비율이 높다. 그 와중에 할아버지들도 90세를 넘기는 노인들이 더러 계신다. 그분들의 특징은 술을 반주로 드신 분들이 많다. 10명의 90세를 넘긴 할아버지가 계신다면 그중 7~8명은 술을 반주로 드신 분들임을 추측할 수 있다.

술을 적당히 마시면 암 발병률도 상당히 떨어뜨릴 수 있다고 본다. 왜냐하면 암에 걸린 많은 사람이 오히려 술을 못 마시는 분들이 많았기 때문이다. 적어도 나의 손님 중에는…. 그러면 술을 많이 마시면, 그들은 간 기능이 급격히 떨어져 일찍 사망한다. 약 65세 전후로…. 술을 많이 마시는 사람들은 암 발병률이 떨어지는 이유는 스트레스를 술로 날려버렸기 때문이다. 그러므로 술을 즐기는 사람들은 암 발병률이 떨어짐을 짐작할 수 있다. 그러나 술을 과하게 마시면 간이 녹아 일찍이 사망하게 됨을 잊으면 안 된다.

피부약이나 무좀에 쓰이는 양약들과 감기약 등을 복용할 때는 술을 피하라고 약사나 의사들이 이야기한다. 보약을 먹을 때 술을 마시면 몸의 세포에 닿기도 전에 알코올이 몸 밖으로 배출시켜 버린다. 그리고 양약을 복용할 때 술을 마시면 안 되는 이유는 대부분의 양약이 너무도 화학적이요, 강력해서 스스로 간이나 인체에 해를 미치는 것이 심한데, 여기에 다시 알코올을 더하면 인체 내에서 너무도 커다란 화학반응이 일어나 간과 각종 장기를 망가지게 할 위험이 크기 때문이다.

90세까지는 몰라도 99세에서 100세 강을 건강하게 건너려면 필수품이 술이라고 생각한다. 술만 한 약은 없다! 우리도 이제 술을 유용하게 마셔 100세 건강에 토대를 마련합시다.

치아를 건강하게

전에 나는 게임을 즐겨 밤샘을 여러 차례 한 적이 있다. 게임에 져 화가 나고 분노조절호르몬 마저 상실해 갔다. 그때 치아가 망가지기 시작하더니 줄줄이 뽑혀 나갔다. 그전에는 술과 담배, 연속 강연하며 치아를 관리하지 못하여 또 치아를 잃었다. 치아(이빨)를 다 잃고 치아를 어떻게 보존해야 하는지 알게 되었다.

잇몸이나 치아에 가장 치명적인 것도 역시 스트레스와 담배다.

치아나 잇몸 건강에 가장 좋은 것은 녹즙이다. 이것은 의학을 넘어 그 어떤 놀라움을 보여 준다. 또한 잇몸 마사지를 매일 할 것을 권한다.

그러면 인간들의 치아 건강법을 알아보기 전에 산속의 동물들은 치아를 어떻게 관리하는지 알아보자.

산속의 동물들은 왜 충치와 풍치가 없는가?

노루나 멧돼지, 호랑이, 늑대, 너구리, 토끼…. 그들은 매일 양치질을 하지 않아도 풍치와 충치가 없는 걸까? 그들의 이빨은 특수하게 되어있는가? 그렇지 않다.

그들도 나이가 들고 죽음이 임박해지면 이빨이 빠지곤 한다. 그러나 그들이 죽음이 임박해질 때까지 이빨이 건강한 것은 자연적인 음식을 먹기 때문이며, 즉석식, 인스턴트식품 같은 정크 푸드를 먹지 않기 때문이요, 쉽게 잊을 수 있는 뇌의 기능 즉, 스트레스에서 쉽게 벗어날 수 있기 때문이다.

또 그들은 담배를 피우지 않는다.

욕심이나 화, 그리고 오랫동안의 집중력 등이 혈액 속에 활성산소나 코르티솔, 산화된 독성 물질을 만들어, 치조골에 염증이 만들어지고 치아가 하나둘씩 망가져 간다.

단것을 자주 먹으면 이빨에 금방 충치가 생긴다. 스트레스를 자주 받으면 풍치가 생긴다. 좋지 않은 음식을 자주 먹으면 젊은 날에도 치아가 망가진다.

흔히들 말한다. 병원 중에서 치과 병원이 돈벌이가 제일 잘 된다고…. 맞는 말이다.

패스트푸드, 인스턴트식품같은 정크푸드를 즐겨 먹고 게임을 하면 젊은 날에 치아를 잃기 시작한다. 더군다나 담배까지 함께 피우면 더욱 빨리 치아를 잃게 된다.

담배는 치아와 치주염에 치명적인 악영향이 됨을 잊으면 안 된다. 혈액이 맑고, 건강하면 치아는 죽음이 올 때까지 거의 그대로 갈 수 있다고 본다. 이빨(치아) 역시 잘못된 식생활과 운동 부족, 스트레스 때문임을 깨우쳐 보시라~

[시골 동네 친구 모친은 연세가 2013년에 88세가 되셨다. 그때

우연히 노인 양반의 치아가 깨끗하여 물었더니 모두가 당신의 치아라 인공적으로 한 것이 하나도 없다고 하셨다. 특별히 산골에서 치과 병원에 다닌 적도 없으시다고 했다. 그 할머니는 성격이 다른 분들보다 좀 낙천적이시고 담배는 피우신 적이 없으시다. 치약으로는 소금을 손으로 문지르는 것이 전부 이셨다. 좋은 성격과 매일 농사 일하신 그 부지런함이 치아와 각종 질병을 예방할 수 있었던 원동력이리라]

  [세상에서 가장 흔한 질병은 감기이고 두 번째로 흔한 질병은 충치다. 그러나 충치는 다른 만성 질병인 암, 심장질환, 신부전증, 고혈압, 당뇨병 등과 같이 오늘날에는 흔한 질병이지만 과거에는 거의 존재하지 않았던 질병이었다. 전 세계에서 발견되는 100년 이전의 유골에서는 충치가 발견되지 않는다. 다른 모든 만성 질병과 같이 충치도 서구 문명의 산물이다. 전통문화를 따르며 사는 사람들이나 동물들에게서는 충치가 발견되지 않는다. 그러나 충격적인 사실은 최근 애완동물에서도 충치가 심각하게 발생한다는 것이다. 사료 등 가공식품과 의약품을 통해 합성화학물질이 과도하게 동물의 몸으로 들어가면서 면역체계가 무너졌기 때문이다. 애완동물의 사료는 인간이 먹는 식품의 찌꺼기와 폐기물, 즉 유통기한이 지나 회수된 식품 부패해 반품된 식품 또는 죽은 동물의 사체로 만들어진다. 여기에 각종 합성화학물질을 첨가해 냄새와 색, 악취를 없애고 사료로 태어나는 것이다. 동물사료에는 식품에는 사용할 수 없는 에톡시킨, BHT 같은 방부제, 펜토바비탈나트륨 같은 안락사용 독

극물 등이 들어있다.

20세기 초 아프리카 원주민과 함께 생활했던 알버트 슈바이처 박사나 세계 각 지역 원주민들의 질병을 연구했던 캐나다의 치과의사 웨스턴 프라이스 등이 전하는 말에 의하면 천연의 음식을 섭취하고 의약품과 가공식품을 모르는 원주민들에게는 암, 심장질환, 당뇨병, 고혈압, 신부전증 등의 질병뿐만 아니라, 충치도 전혀 나타나지 않는다고 한다. 원주민들은 치약, 가글제 등을 전혀 사용하지 않고 약과 가공식품을 먹지 않기 때문에 노인이 되어서도 32개의 하얗고 튼튼한 치아를 그대로 유지한다고 한다. 캐나다의 탐험가 빌할무르 스테파손은 1906년에 알래스카 에스키모 주민의 유골 100개를 뉴욕으로 옮겨 두개골을 정밀 검사한 결과 흔적은 단 한 개도 없었다고 기록했다. 그러나 100년이 지난 현재 에스키모인들의 상당수는 이를 모두 잃었다. 미국 조지아주 해안가에서 출토된 1,000년 이상 된 유골에도 충치는 전혀 없었다.]

– 중략 –

출처 : 책, 「의사를 믿지 말아야 할 72가지 이유」 중에서

치아를 오랫동안 잘 간직하고 사용하려면, 첫째가 정크 푸드를 먹지 말아야 한다.

둘째, 스트레스를 잘 관리해야 한다.

셋째, 걷는 운동을 많이 해야 한다.

넷째, 몸속을 정기적으로 청소하고 풀잎과 과일을 잘 먹어야 한다.

다섯째, 매일 저녁만이라도 양치질을 하기 전에 잇몸 마사지를 해 주면 좋다.

여섯째, 저녁 양치질할 때는 반드시 왕소금을 빻아서(가루) 할 것을 권한다.

양치질한 후 짠 기운을 그대로 5-10분 정도 머금고 있다가 침을 뱉을 것을 권한다. 침을 뱉고는 그대로 잠을 잘 수 있기를 권한다.

그리한 후 아침에 일어나 바로 가글을 하면 치아와 입안이 매우 개운함을 매일 느낄 수 있다.

백 세까지 치아를 튼튼하게 유지할 수 있기를….

90세를 사뿐히 넘고, 100세 강 건너려면

무병장수가 모든 이들의 로망인데 대부분 사람이 인생 90세를 건강하게 넘지 못하고 돌아가시는 분들이 많다. 또한 90세를 넘기시더라도 건강치 않고 병원에 누워 계시는 분들도 없지 않다.

인간의 한계 수명은 125세 정도라는 것이 여러 연구에 의한 정설인 듯하다. 하지만 많은 분이 90세까지만이라도 건강한 삶을 살고자 하지만, 각종 질병에 시달리거나 요양병원에서 생을 마감하는 예도 많고, 암이나 각종 질병에 시달리면 70~80세도 넘기기가 힘들다.

90세를 건강하게 넘기지 못하는 이유 중 가장 큰 원인은 다리와 무릎이 아프며, 대소변이 원활치 않기 때문임을 노인들을 대할 때마다 느껴진다. 특히나 남성들은 나이가 많아지면 소변을 원활하게 배출하지 못한다. 심장과 뇌, 다리와 무릎에 이상이 발병하며 대소변이 원활치 않아 여기저기 탈이 나서 결국 명을 재촉당하게 된다. 특히나, 남성들은 60대는 60%, 70대는 70%, 80대는 90%, 소변이 원활치 않다고 한다.

대변도 마찬가지다.

노인들이 변비가 있으면 급격히 좋지 않은 현상들이 나타나고 많은 화학적인 약에 의존하게 되면 죽음을 재촉당하게 된다. 변비로 인해 각종 질병이 발병함은 물론 90세를 건강하게 넘기기 힘들다.

나이가 들어 대소변이 원활치 않은 이유는 젊은 날처럼 움직임이 줄어들고 음식도 많이 먹지 못하며 대사 작용이 원활치 않기 때문이다. 움직임이 적어서 음식의 양이 줄었나? 음식의 양이 줄어서 움직임이 줄었나? 닭이 먼저냐? 달걀이 먼저냐?

노인이 되어 활동량과 식사량이 줄어든 것은 몸속에 나쁜 물질들이 퇴적돼 있기 때문이다. 기계를 오래 사용한 것과 같이 혈관과 림프액, 신경세포 및 장기에 노폐물들과 독소들이 퇴적돼 있기 때문이다. 젊은 날부터 몸속을 청소하고, 음식을 정갈하게 섭취하고, 운동을 적절히 하며, 호흡을 잘하면서 노년을 준비해야 하는데 삶에 쫓기고, 운명에 쫓기고, 건강에 자만심을 누리다 노년을 맞이하기 때문이다.

또 하나는 저녁에 육식을 많이 했기 때문이 아닐까 의심해 본다. 사람들은 대부분 저녁에 회식이며, 일을 끝내고 육식으로 포식을 많이 한다. 이것이 90세를 넘기지 못하는 이유 중에 커다란 원인이라고 외치고 있다.

저녁에는 육식은 안 된다는 것이 나의 지론이요 외침이다. 이것을 과히 신의 한 수라 주장한다.

99세 이상까지 건강한 삶을 유지하려면 첫째는 젊은 날부터 섭생을 잘해야 한다.

균형 잡힌 식사가 매우 중요하다고 본다. 정크 푸드를 즐겨 먹으면 90세를 넘기기는 더욱 어려울 것이다. 그리고 끊임없이 움직이는 것도 중요하다.

백 세 전후의 초장수한 분들의 공통점은 끊임없이 움직임에 있음을 증명이 되었다. 가능하면 많이 걸어야 하며, 가능하면 많이 움직여야 한다.

다음은 되도록 양약을 복용치 말아야 한다. 대소변에 악영향이 되는 것은 모든 양약이다. 젊은 날에는 모르다가 양약을 장복하여 몸에 축적되면 반드시 대소변과 인체에 커다란 악영향이 됨을 늦어서야 알게 된다.

혈압이 높으면 혈압약을, 당뇨가 있으면 당뇨약을, 콜레스테롤 저하제, 아스피린, 위장약, 신경성약, 피부약, 안약, 관절약, 영양제... 양약을 복용하는 사람들은 1가지 약만 먹는 것이 아니라 2~3가지 함께 복용하는 사람들이 대부분이다.

약의 수가 증가하면 부작용은 기하급수적으로 증가한다고 의학교과서(Doctors rule 325)에 있는데도 증상에 따라 처방하고 있으니 참으로 개탄스럽지 않을 수 없다.

모든 양약은 간과 신장에 엄청난 테러를 가하게 되고 인체에 화학적인 성분들이 퇴적되면 만병을 부르는 근원이 되고, 명(命)을 단축하게 됨을 늦어서야 알면 후회만 남는다.

또, 90세를 건강하게 넘지 못하는 이유는 화학적인 영양제를 복용하는 것도 원인이 될 수 있다 본다. 영양제를 복용하게 된 원인은 기력이 떨어지고, 몸의 여기저기서 이상 현상이 일어나고, 피로가 잦고, 뭔가 전과 다르다고 느끼고, 뭔가 영양이 부족하여 그러할 것이라 잘못 판단하기 때문이다. 혈액과 림프액이 침습 당하였고, 독소와 노폐물들이 많아져 생체 리듬이 깨어진 것인데, 영양의 불균형과 부족 때문이라 우기며 독소와 노폐물들이 가득한 세포와 혈관에 또다시 화학적인 영양제를 쑤셔 넣으면 순간순간의 기운이 회복된 듯하나, 독소와 노폐물들도 영양분을 흡수하고, 신장에도 악영향이 되기 때문에 명(命)을 재촉당하게 된다.

90세를 건강하게 넘지 못하는 또 하나 큰 이유는 호흡에 있다. 호흡을 잘해야만 폐와 심장이 건강해질 수 있다.

인체는 호흡과 음식 이 두 가지로 만들어지고 유지해 갈 뿐이다. 그런고로 호흡의 중요성(폐와 심장)은 질병 치료와 건강 백 세에 절대적으로 필요한 부분이다. 90세까지는 섭생과 수면, 운동으로 가능하지만, 99세를 건강하게 넘을 수 있는 비법은 호흡에 있음을 명심해야 한다. 그야말로 100세 이상 건강하게 잘 지내려면 반드시 호흡법이 있어야 함을 알아야 하며, 이것을 90세에 시작하면 늦다. 젊어서부터 훈련이 되어 있어야 한다.

99세까지 사는 것이 중요한 것이 아니라, 사는 동안 아프지 않고 건강하게 살아야 한다.

100세 강 건너려면….

첫째, 평소에 정기적으로 몸속을 청소할 것을 권한다.

둘째, 아침저녁으로 호흡을 바르게 할 것을 권한다.

셋째, 올바른 식생활을 권한다.(저녁엔 육식하지 않으며, 평소엔 되도록 삶은 고기를 먹는다.)

넷째, 맨발로 자주 걷고, 하체 운동이 있어야 한다.

다섯째, 스트레스를 받았을 때는 정리가 된 후 독소를 제거해 주어야 한다.

여섯째, 술이나 발효식을 잘 활용할 수 있어야 한다.

일곱 번째, 과일과 채소를 많이 섭취해야 한다.

옛 의서에 "섭생을 잘하면 죽음의 땅에 들어가지 않는다." 이런 말이 있다.

많은 분이 공감할 수 있었으면...

허리, 무릎, 어깨 통증과 관절염

[2021년 11월 말께쯤 지인이 전화가 왔다.

허리가 갑자기 아파져 활동하기가 아주 불편하다고 했다. 허리가 아픈 것이 며칠 되었는데 병원엘 가지 않고 이리저리 생각해보다 박 선생이 생각나 전화를 하신 것이다.

나는 얼른 와 보시라 했다. 이분은 배가 많이 나왔다. 나는 약간의 조치를 하고 내가 만든 제품을 복용하시게 했다. 허리가 낫지 않으면 돈을 받지 않는 조건…

제품을 복용하고 4일이 지나도 별로 효험이 없다고 했다. 그런데 6일째 오전에 입금이 들어왔다. 그래서 내가 전화하니 허리가 많이 좋아졌다고 한다.]

허리와 무릎 및 어깨가 결리는 것은 나쁜 독소와 노폐물들이 몸속에 퇴적돼 있고, 혈관이나 혈액과 림프액조차 침습을 당했다는 뜻이다. 물론 스트레스나 무리한 일이나 운동이 있어도 활성산소나 젖산과 같은 나쁜 물질들이 생성되어도 갑자기 아파지는 경우도 종종 있다.

인대가 늘어나고, 끊어지고, 문제점들이 나타나는 것은 근육들이 유연성을 잃고, 혈관과 근육들이 경직되고 있다는 증거이리라.

허리가 아픈 이유 중 가장 높은 문제점은 신장 기능 저하일 가능성이다. 척추뼈에 문제가 있거나 중간의 물렁뼈(디스크)에 문제가 있다면 참고 견딜 수 없는 통증이 곧바로 나타난다. 물론 서서히 척추가 협착되어도 통증이나 문제가 발생한다.

그러나 척추의 문제든, 신장의 문제든, 궁극적인 문제는 혈액과 림프액이 침습을 당한 상황이라는 것이다.

오랜 시간 동안, 운동 부족, 잘못된 식생활, 바르지 않은 자세, 스트레스에 의하여 신장이나 혈액, 혈관, 세포, 장기 등에 과부하가 걸리는 것이다. 꼭, 허리만 아프다기보다는 몸 전체가 좋지 않은 상황으로 기울어져 있는데, 혈관이나 신경이 압박받아 나타난 것이다.

수술과 양약으로 많은 이들이 대처하고 있지만, 궁극적인 문제를 덮어두고 나타난 증만 제거한 것은 올바른 치료법이라 보기 힘들다.

한쪽 무릎을 수술한 이들은 1~2년이 지나면 반대쪽 무릎을 또 수술받아야 하고 또 시간이 지나면 백내장 녹내장 수술을 받는 것이 정해진 코스다.

허리와 무릎 어깨, 관절염 등을 궁극적으로 해결하기 위해선, 먼저 몸속을 청소할 것을 강조한다. 여러 차례 몸속을 청소하여 치료를 할 수 있는 환경을 만들어 놓고 모든 치료를 시작해야 하는데,

그렇게 하는 의료 기관이나 의사들이 거의 없다. 그런 사실조차 모르고 있는 의료 실태다.

몸속을 여러 차례 청소한 후에 허리와 무릎, 어깨에 관한 마사지, 접골, 카이로프랙틱, 약 등을 쓰면 크게 도움이 될 것이다. 올바르게 대처해야 한다.

나는 관절염이나 골다공증, 허리와 무릎, 어깨가 결릴 때 사용하는 약재를 만들어 판매를 한다. 양약이나 수술보다 더 자연적이고 가성비 좋은 치료법이 될 수도 있다.

연골 뼈가 소실되면 절대 재생이 어렵다고 의료진이나 환자들은 생각한다. 그러나 연골 뼈마저 재생시킬 수 있다 본다. 앞서 설명하였지만, 약을 복용하기 전에 몸속을 청소한 후에 복용할 것을 권한다.

허리, 다리, 무릎, 어깨, 관절염으로 고생하시는 분들이 많다. 그러한 분들에게 궁극적으로 도움이 되었으면….

돌연사에 대하여

사람들이 갑자기 죽었다는 소문이 가끔 들린다. 나이가 60대이고 아주 건강했는데 갑자기 자다가 죽었다는 것이다. 어떤 이는 운동을 한 후 앉아 쉬다가 죽었다는 이야기도 전해 진다.

사람들이 갑자기 죽음에 이르는 이유는 대부분 심장에 문제가 있기 때문이다. 심장에 문제가 있다는 것은 혈액과 혈관 벽에 문제가 있다는 것이다.

혈액과 혈관 벽에 문제가 있는 것은 유전, 운동 부족, 환경 및 기타, 잘못된 식생활, 스트레스 등에 문제가 있었다는 것이다.

또, 심장에 문제를 일으키는 것은 화학적인 양약을 3가지 이상 복용했을 때 갑자기 돌연사하는 경우가 종종 발생한다고 나는 생각한다.

튀긴 음식이나 정크 푸드를 즐겨 먹고 운동이 부족해지고 스트레스가 합쳐지면 여기저기 질병들이 나타난다. 그러면 증상에 따라 약을 처방받아 복용하다 보면 약의 숫자와 가짓수가 늘어나 인체는 야금야금 무너지는 것이다. 머리, 다리, 눈, 소화력, 심장, 신장...

인간이 만든 어떤 양약이라도 인체에 해가 되지 않는 것은 없다 본다. 거기다 약을 복용하며 또다시 나쁜 음식들을 즐기면 질병이 발병하지 않는 것이 이상한 일이며, 혈액과 림프액이 변질하고 혈관에 나쁜 물질들이 쌓여 돌연사나 암을 비롯해 각종 질병이 발병하게 된다. 약들이 질병을 일으킨 원인을 제거할 수 있어야 하는데, 약이 잘못된 식생활을 바꿀 수 있거나 스트레스에 의해 깨어진 혈액을 복구시키지는 않는다. 그런고로 잘못된 식생활과 화학적인 약들이 힘을 합쳐 병을 부르고 나아가 명을 재촉하게 되는 것이다.

나는 돌연사 소문을 들으면 늘 궁금해한다.

그 사람은 평소에 어떤 음식을 즐겨 먹었고, 어떤 양약들을 복용하고 있었을까?

요로, 신장, 방광, 전립선까지 청소한다.

　남성들이 나이가 많아지면 소변을 시원하게 배출하지 못하고, 잔뇨감이 있고 속옷에 소변을 흘리는 경우도 많다고 한다. 최근에 매스컴에서 쏘팔매토란 열매가 포함된 제품이 히트하고 있다. 의외로 복용하는 분들이 많은 듯하다.

　소변을 시원하게 배출하지 못하면, 많은 증상이 나타난다. 머리가 아프고, 건망증이 심해지고, 피부트러블이 잦고, 눈이 아프며, 통풍이나 무릎이 아프고, 요통이나 관절염이 발병하고, 쉽게 피로가 쌓인다. 한마디로 만수무강에 많은 애로점이 발생한다.

　반대로 여성들의 요실금도 마찬가지다. 방광의 기능과 신장, 요로 등에 노폐물들이 있을 가능성이 없지 않기에 청소를 해주는 것은 무엇보다 중요하리라.

　혈관도 문제지만, 신장의 사구체, 요로, 전립선 등에 노폐물들이 쌓이거나 결석이 만들어지면 커다란 고통과 병원 치료 받아도 또 생성되는 경우가 종종 있다. 요로, 신장, 전립선 등에 있을 나쁜 물질들을 녹여 배출시켜야 온전한 대처법이 되리라.

한의학에도 소변이나 전립선에 문제가 있을때 처방법이 있고, 민간으로 전해져 오는 좋은 비방들도 있다.

나는 이러한 방법들을 규합해서 많은 임상을 거쳐 제품화했다. 신장이나 방광, 요로에 있을 결석이나 노폐물들까지 제거할 수 있는 제품이다. 쏘팔매토란 제품이 크게 알려지기 전부터 나의 제품은 지인을 통하여 입소문으로 판매하고 있었다.

전에 한 친구는 소변을 잘 보지 못한 것이 오래 되었고, 상태가 심각해져 여성들처럼 앉아서 소변을 봐야 할 정도이었으며, 많은 양약과 쏘팔매토 제품을 복용했지만, 크게 효과를 보지 못할 만큼 신장이나 전립선에 문제가 있었다. 나의 제품을 복용한 지 15일쯤부터 소변이 시원하게 나오고 며칠이 더 지나 정상적으로 회복 되었다고 한다.

나는 나의 제품에 감사를 느꼈다.

어떤 노인은 저녁에 6~7회 정도 소변이 마려워 일어나시는데 화장실에 가면 소변이 나오지 않고 어쩌다 조금 나오고 만다고 한다. 소변이 시원하게 나오지 못하면 머리가 그렇게 아프고 팔과 다리에 쥐가 난다고 하신다. 이뇨제를 계속 많이 드시여 그것마저 약효가 잘 듣지 않는다고 한다. 노인 분이 약 7일인가 지나니 소변이 잘 나온다고 이야기하시며 고마워하신다.

나는 이 제품에 들어가는 약초들을 대부분 직접 채취해서 사용한다. 물론 채취가 어려운 것은 약재상에서 구한다. 어떤 재료는 꼭 가시덤불 속에서만 자라는 것도 있으며 나도 소변에 거품이 많아

가끔 복용한다. 아직은 심각 단계가 아니라고 느끼기에 열심히 복용하지는 않고 있다.

나는 신장의 기능을 근원적으로 회복시킴은 물론이고 요로에 결석을 녹이고 방광과 전립선조차 호전이 되었으면 하고 만들었다.

의학과 의술을 아우르는 도움이 되었으면...

당뇨병과 몸속 청소

현대인들에게 발병하는 당뇨병의 형태는 80% 이상이 인슐린저항성당뇨다. 인슐린은 혈액 속에 정상적으로 분포되어 있는데, 활동을 방해받아 제 기능을 못 하는 상태라는 뜻이다.

인슐린의 활동을 방해하는 요인으로는 혈관 벽이나 내부에 콜레스테롤이나 카제인, 활성산소, 지질, 혈전 등이 될 것이다.

이러한 나쁜 요인들은 제거하지 않고 합성인슐린으로 당을 조절하려는 현대 의학이 너무 안타깝고, 고혈압, 백내장, 관절염, 심장병, 손발과 어깨 결림 등과 같은 다른 질병들이 함께 발병하게 되고, 증에 따라 복용하게 되는 약의 숫자가 늘어나니 인체는 서서히 무너지게 되는 것이다.

당뇨병을 근원적으로 치료하려는 의술이나 의학은 보이지 않고 합성인슐린과 주사제가 대세를 이루고 있다. 혈액과 림프액이 탁하여 각종 장기도 피폐해 제각각의 증상이 표출되고 합병증의 굴레를 씌우며 복용하는 약들의 종류가 많아진다. 또 당뇨 환자들은 성질이 고약하고, 고집이 세고, 사고가 열려 있지 않은 이들이 많다.

고혈압 너머엔 당뇨병이 기다리고 있으며 반대로 당뇨병 너머엔 고혈압이 기다리고 있다. 또 그 너머엔 각종 통증과 질병들이 도사리고 있다.

혈액과 림프액이 탁하고 몸속에 노폐물들이 많아 고혈압과 당뇨병이 발병하였다고 바르게 생각하는 의료진들이 드물다.

당뇨병과 고혈압과 관절염, 눈병들과 다른 질병들을 한꺼번에 제압해야 한다. 그것은 혈액과 림프액을 맑게 하는 것에 있을 뿐이다. 여러 마리의 토끼를 동시에 잡기 위해선 가장 절실한 것이 몸속을 청소하는 것이 가장 첫째 행해야 할 관문이다.

몸속의 청소에는 장, 간, 신장, 폐 등. 청소할 수 있는 부위는 청소하고 치료에 임해야 하는데 의사도 환자도 바른길을 알지 못하고 있다.

당뇨병 환자에게 몸속을 청소하게 하면 당뇨 수치가 2배로 상승한다. 왜냐하면 장, 간을 청소하고 나면 몸속으로 영양분이 2배 정도 잘 흡수되는데 이때 췌장에서 인슐린도 2배 공급되면 변동이 없지만, 췌장의 기능 회복은 더디기 때문이다. 췌장의 기능 회복은 금방 발전되는 것이 아니기 때문이다. 그러나 이것이 췌장의 기능을 근원적으로 회복시킬 방법이다.

다음은 사혈이다.

인슐린의 활동을 방해하는 요인 중 최고의 악질은 고지혈과 카제인, 활성산소, 콜레스테롤, 이산화탄소, 혈전(어혈) 등이다. 이것은 금진옥액이나, 코, 다리…. 사혈이 가장 효과적이라 본다.

부항을 행하는 이들도 많다. 몸속을 청소도 하지 않고 한다. 그러나 그것은 하등의 방법이리라, 왜냐하면 그것은 표피에서 하기 때문이다. 올바른 사혈은 새로운 혈액과 호르몬을 생성할 수 있도록 하는 것이다.

다음은 올바른 식생활이다. 모든 질병은 식원병이며 특히나 당뇨병은 더욱 음식과 연관성이 많다.

다음은 운동이다. 위와 같이 행하여 놓고 걷기 운동을 많이 해야 한다. 맨발로 걷는 것이 대세로 뜨고 있다. 모든 질병 치료에 도움이 된다고 본다. 걷고 또 걸어서 당뇨를 정복하고 암을 정복하고, 의학과 의술을 넘으시길….

다음은 녹즙이다.

녹즙이 얼마나 위대한지 복용해 보시면 아시게 되리라~

위와 같이 행하면서 나의 제품도 추천해 본다. 나의 제품은 다르다.

질병이 발병하는 조건

　암이나 각종 질병이 발병하는 원인은 혈액과 림프액이 탁하고 몸속에 노폐물들이나 독소가 많아서 발병한다고 본다.

　유행성 질병이나 코로나바이러스 같은 경우는 만성 퇴행성 질병들보다 상관관계가 다소 약하다 보지만, 혈액과 림프액이 맑으면 면역력이 강화돼 있으므로 다른 질병에 걸릴 확률이 상대적으로 낮아질 것이다.

　만병의 원인이 혈액과 림프액이 탁하고 몸속에 독소와 노폐물들이 많아서 발병한다면, 혈액과 림프액을 탁하게 하는 원인은 또 어떤 것들이 있을까?

　나는 질병이 발병하는 조건은, 유전 7%, 운동 부족 10%, 환경 및 기타 13%, 잘못된 식생활 30%, 스트레스 40%(%)라 본다. 이 공식을 자기 자신에게 발병한 질병에 대입시켜서 치료에 많은 도움이 되었으면 한다.

　질병이 발병한 원인은 같은데 질병이 발병한 부위와 강도의 차이는 그 사람의 일상과 여러 복합적인 요인들이 또 잠재해 있다. 그중에 잘못된 식생활과 스트레스가 암이나 각종 질병 발병에 절대적 상관관계가 있다 본다.

질병에 대한 치료법이나 약들이 범람하고 수술이나 별의별 방법들이 다 있다. 그러나 질병이나 상처를 궁극적으로 치료하는 것은 자기 자신의 세포들이 할 뿐이다. 즉, 면역력과 회복력은 자기 자신 내의 세포와 혈액과 림프액이 하는 것이다. 수술이나 약들은 몸속의 치유 물질들을 자극하고 도와주는 역할을 할 뿐이다.

암이나 각종 질병에 대항하는 백혈구의 활동도 자기 자신이 평소에 활성화할 수 있는 환경을 만들어 주었느냐의 차이에 달렸다.

질병이 발병하는 공식을 알았다면, 그러한 나쁜 조건들을 잘 컨트롤해야만 질병 없이 항상 건강한 삶을 유지할 수 있을 것이다.

결국, 질병 치료의 완성자는 자기 자신밖에 없음을 깨우쳐야 하며, 몸속을 청소하고, 혈액과 림프액을 맑게 하고, 백혈구를 활성화하여 면역력과 치유력을 회복하는 것에 있을 뿐이다.

모든 시작은 몸속 청소로부터

　몸속을 청소하는 것은 오래전 아메리카 인디언들이 사용해 오던 요법이라고 한다. 장과 간을 청소하게 하는 요법이다.

　나는 지난 1998년부터 시작하여 지금껏 이 제품과 양지환으로 생계를 유지해 왔다. 지난 20년 넘는 세월 동안 많은 에피소드가 있지만 자료를 수집해 두지는 못했다. 천운이 있었던 것은 지금껏 제품을 팔아 트러블이 거의 없었다는 것이다. 몇 해 전에는 89세 할머니께서 하신다길래, 자식들과 상의해서 하시게 한 적도 있다.

　나도 처음엔 장, 간을 청소한다기에 믿지 않았으나, 나중에 다른 사람들이 복용하는 사실과 정보를 얻은 후에 복용하게 되었다. 사실 그때 나는 간이 많이 좋지 않은 상태이었다.

　나이가 14세 이상 되면 이때부터 몸속에 독소와 노폐물들이 끼기 시작한다고 본다. 그 뒤로 독소와 노폐물들이 퇴적되는 조건은 운동, 환경, 식생활, 스트레스 등의 강약에 따라 증가의 속도와 양(量)이 결정될 것이다. 세상에는 명약들이 많다.

　공진단, 산삼, 천삼, 경옥고, 침향환, 종합영양제, 보약…. 그러나 이러한 천하의 명약들을 먹기 전에 반드시 거쳐야 할 관문이 있다. 그것은 몸속 청소다.

천하의 명약이 필요로 느끼는 것은 내 몸이 전과 같지 않고, 기력이 떨어지고, 나이가 많아지니 전과 같은 에너지와 활력이 떨어지기 때문이다. 활력이 떨어져 전과 같지 않고, 세월을 탓하고 싶은 것은 내 몸속에 독소와 노폐물들이 있고, 혈관과 림프액이 침습을 당했다는 뜻이다. 그런고로, 명약을 찾기 전에 반드시 먼저 행해야 하는 것이 몸속 청소다. 몸속 청소에는 장, 간, 신장, 폐 등이다.

몸속을 청소하지 않은 채 명약을 복용하면 혈관과 혈액과 림프액에 퇴적된 독소 물질들이 명약을 중간에서 채가기 때문이다. 평소에 몸속을 청소하지 않아 영양이 넘치어 혈관과 혈액과 림프액, 신경세포, 각종 세포가 노화현상을 보이며 황색 경고등을 보냈는데도 모르고 또, 과다한 영양분을 쑤셔 넣으면 순간순간 기력이 좋아지는 듯하다가 결국 명(命)을 재촉당하고 마는 것이다.

명약을 먹고 천수를 했다는 사람을 들어보거나 찾을 수가 없다. 명약 보다는 오히려 몸속을 청소하는 것이 활력과 100세 건강의 밑거름이 될 터인데…. 안타깝다.

질병 치료와 예방 및 운동의 시작조차도 몸속을 청소하고 난 후에 시작해야 하는데, 이 소중한 영순위 우선법을 모르거나 행하지 않는 이들이 많은 듯하다.

기계나 자동차도 주기적으로 오일을 교환해 주며 청소하고 그렇게 해야 오래 잘 사용할 수 있다. 일상에서 우리는 매일 양치질과 샤워를 하지만, 몸속 청소는 얼마나 하고 있는지 매우 궁금타. 비타민제를 1톤(T) 복용하는 것보다, 눈 영양제나 연골 뼈 보충제를 수억kg 복용하는 것 보다, 100년근 산삼을 100뿌리 먹는 것 보다, 오메가 제품을 몇 트럭으로 복용하는 것보다 먼저 되어야 할 것이 몸속 청소다. 찜질방, 운동, 침, 뜸, 마사지, 뼈 교정, 기도 등을 하기 전에 반드시 장, 간, 신장, 폐 등을 청소하는 것이 효과적이요, 경제적이다.

매년 년 초에는 지난해 몸속에 찌든 노폐물과 독소들을 디톡스하고 새로운 한 해의 문(門)을 열어야 하는데 그렇지 않은 안타까운 이들이 많은 듯하다.

장, 간을 청소케(디톡스)해 보면 사람마다 천차만별이다.

1차에 노폐물들이 많이 나오는 사람…. 잔뜩 기대를 걸고 실시해 보지만 설사도 제대로 되지 않는 사람…. 설사만 되고 노폐물들은 나오지 않는 사람…. 보편적인 상황은 1차에는 독소와 노폐물들이 많이 나오고, 2차에는 설사만 되거나 적게 나오며, 3차에는 설사만 되고 노폐물들은 보이지 않고, 4차에는 제법 큰 덩어리가 나오고, 5차에는 엄청나게 많은 양과 커다란 덩어리가 나오며, 6~7차에는 다시 설사만 되고, 8~9차에는 다시 많은 양의 노폐물들과 독소들을 볼 수 있다.

분명한 것은 사람마다 차이가 있으며 독소와 노폐물들이 몇 차에서든 반드시 나온다는 것이다. 몸속을 청소하고 나면 육체와 멘탈이 새로워지고, 눈이 맑아지고, 다리가 가벼워지며, 호르몬의 생성도 원활해진다. 몸속을 청소한 사람은 분명 차이가 있다.

지구상 14세 이상의 모든 이들은 주기적으로 몸속을 청소하여 의학과 의술을 정복하여 무병장수의 기쁨을 누리시기를….

이명

　현대인 중에 이명을 호소하는 분들도 종종 있는 듯하다. 귀에서 소리가 나면 참으로 미칠 지경이 된다고 한다. 그런데 이명을 바르게 치료하는 의학이나 의술도 현재까지는 없다는 것이다. 원인도 치료법도 없는 이것 역시 불치병에 속한다고 본다.

　이명이 발병하는 이유는 예외 없이 혈류와 림프액이 청각 기관에 정상적으로 공급되지 않기 때문이라 주장한다.

　몸이 허약하고 면역력이 떨어져 발병하는 경우와 반대로 뚱뚱하거나 실하여 발병하는 두 종류가 있으며, 신장의 기능이 떨어진 사람에게서 이명이 발병할 확률이 높다. 별의별 약들과 치료법들이 있어도 치료 확률을 높이는 약이나 방법들이 별로 없다.

　얼마 전에 이명에 관한 처방을 얻게 되었다. 현대 의학이나 의술을 넘어 이명을 낫게 할 수 있다면 이 또한 산천초목과 많은 것에 감사를 드릴 것이다.

　[이명이란 생리적 현상으로는 보통은 느끼지 못하는 것으로 외부의 소리 자극 없이 소리를 느낄 때 '이명'이라고 한다. 이명은 귀

질환의 중요한 증후의 하나이며, 귀 질환의 단독 혹은 조기 증상으로 존재할 때도 있다. 많은 예에서 이명의 기전은 불분명하나, 귀속 및 그 중추 경로에의 이상에 의해서 발생한다고 한다. 이명의 음질은 단순한 소리로 표현되며 금속성 음, 물 흐르는 소리, 모터 소리 혹은 곤충울음 소리 등이 많으며 지속성인 경우와 단속성인 경우가 있다.

[네이버 지식백과] 이명 (차병원 건강칼럼)

자각적 이명-환자 자신에게만 들리는 이명

• 난청을 동반하는 이명

- 외이도의 귀지, 이물, 외상성 고막천공, 삼출성 중이염 등에서는 저음의 이명이 나타난다.

- 중이의 급성 염증에서는 박동성 이명이 나타나며 염증이 없어지면 이명도 없어진다.

- 만성 유착성 중이염, 노인성 난청, 메니에르씨 병, 이경화증 등에서는 지속적이며 고음의 이명이 나타난다. 또한 지속적인 이명이 있을 때는 청신경종양, 약물중독이나 음향성 외상을 의심하여야 한다.

• 난청이 없는 이명

- 이비인후과적으로 특별한 원인이 없는 경우로 동맥경화증 및 고혈압, 빈혈, 내분비장애, 패혈증, 중추신경계통의 매독, 알레르기 및 전신쇠약 등에서 올 수 있다.

- 신경성 혹은 기능적 원인에 의해 이명을 호소하는 경우엔 이명이

일정하지 않으며 중추신경계통은 정상이고 정신적으로 흥분할 때 더 심해지고 아침보다 오후 늦게, 피로할 때 더 심해진다.

타각적 이명 - 검사자에게도 들리는 이명(흔하지 않음)

심한 정신쇠약 환자에 있어서 이관이 이상적으로 개방되었을 때 호흡과 일치해서 바람 부는 소리와 같은 이명이 들리며, 두부 혹은 경부의 동·정맥류에 의해서 심박과 일치하는 박동성 이명이 있을 수 있다. 이때는 환자의 귀와 검사자의 귀를 청진기 고무관으로 연결하여 들으면 환자가 듣고 있는 잡음을 타각적으로 들을 수 있다.

이명의 진단

이명의 성격과 음질, 즉 고음인지 저음인지, 물소리인지 바람 소리인지 매미 우는 소리인지 등을 자세히 알아야 한다. 또 이명의 기간과 연속적인지 혹은 단속적인지 또는 어느 때 더 심해지는 지와 청력검사나 현기증 등의 증상이 같이 나타나는지의 여부가 중요하다. 그러므로 청력검사, 뇌간유발전위검사, 귀 x-ray검사 등을 실시한다. 때로는 근육의 수축음이나 혈류음을 이명으로 느끼는 예도 있다.

이명의 치료

난청을 동반한 이명이나 타각적 이명의 치료는 그 원인에 대한 치료가 가능한 경우가 많으나, 이명의 원인이 불분명한 이명의 경우에는 근본적 치료가 곤란한 경우가 대부분이다. 이러한 이명의 치료로는 안정제의 투여, 이명과 비슷한 강도의 소리를 들려주어 이명을 차단하는 법, 수술법 등이 시도되고 있으나 가장 중요한 점은 환자를 안심시키는 것이다.]

[네이버 지식백과] 이명 (차병원 건강칼럼)

두통과 눈이 아플 때

머리가 아프거나 눈이 아플 때, 현대 의학은 뇌 사진을 촬영하는 것이 기본이다. 그래야 뇌혈관이나 뇌세포에 이상 여부를 알 수 있다. 그런데 때때로 검진 판독 사진으로는 이상이 없는데도 머리가 아프고 눈이 아픈 경우가 종종 있다. 이러한 상태가 나타나면 그냥 진통제를 처방받게 된다. 진통제를 먹으면 괜찮아지지만, 또 발병하는 예도 없지 않다. 머리에 두통이 있거나 눈이 아프면 뇌혈관에 나쁜 독소 물질이 침습한 것이다.

혈액순환개선제, 혈전용해제, 아스피린, 호르몬 분비 촉진제, 와파린 등을 계속 복용케 한다. 상태가 호전되어 약을 중단하는 때도 없지 않지만, 중년 이후가 되면 약을 중단하면 위험한 상태로 급변할 수 있고, 불안해서 그냥 평생 복용해야지 하는 이들도 있다.

뇌에 이상이 발생한 원인은 무엇인가?

혈액과 림프액과 혈관에 문제가 발생한 것이다. 뇌의 혈관과 혈액과 신경(뉴런)에 이상이 발병한 것은 혈전과 고지혈, 콜레스테롤, 코르티솔, 활성산소 등이 문제를 일으켜 뇌 신경을 상하게 하고 혹 덩어리를 만들고, 혈액 순환에 문제를 일으켜 산소 부족 현상을 초래하여 혈관 꽈리, 혈관 협착, 두통, 편두통, 백내장, 녹내장, 황반변성, 이명, 달팽이관 문제 등을 일으키는 것이다. 이러한 종합적 나쁜 상황이 발병하기 전에 콧속을 들여다보면 코 위쪽의 부 비갑개가 부어 있어 호흡구를 막고 있는 경우가 대부분이다. 콧속에 전에 없던 붉은 혹 덩어리가 생성되고 있는 경우가 대부분이라는 뜻이다. 이리되면 뇌에 아무런 증상이 없는데도 두통이 자주 있고, 눈이 자주 아프고, 청각에도 문제가 나타나고, 기력이 떨어지고, 성질이 예민해지며, 컨디션이 저하된다.

콧속에 숨길이 막히어 문제가 발생하였나? 문제가 발생하여 콧속의 숨길이 막히었나? 내가 풀지 못한 커다란 화두이다.

머리가 아픈데 콧속을 들여다보는 의료진은 거의 없을 것이다. 두통이 있다는데 다리를 쳐다보는 의사도 없을 것이다. 미국, 독일, 일본, 중국 어떤 의료진들도 모르고 있다. 환자, 본인조차도 모르고 있다.

이구동성으로 하는 말! 숨 쉬는 데 아무런 지장이 없었다!

나는 머리와 눈에 이상이 있으면 콧속과 다리를 살펴봐야 한다고 떠드는지 오래다.

부 비갑개가 부풀어 있는 경우가 대부분이며, 하지(다리)의 혈액 순환도 문제가 있다. 정상적인 콧구멍이 막히고 하지의 혈액 순환이 원활치 않은 것은, 운동 부족, 잘못된 식생활, 스트레스 때문이며, 뇌 속에 산소가 궁극적으로 부족하다는 것이다.

두통이 있거나 눈에 문제가 있다는 사람들을 살펴보니 대부분 이 두 가지 중요한 원인을 갖고 있었다.

이 중요하고, 소중한 팩트를 세계 의학은 놓치고 있는 것이다. 즉, 머리가 맑지 않고, 두통이 자주 있고, 눈이 아프고, 건망증이 심하여지고, 팔과 목덜미가 당기며 뻣뻣해지는 것은 콧속에 문제가 있고, 다리 쪽, 하지 혈관에 문제가 있을 확률이 높다고 본다. 이것은 결국, 혈액과 림프액이 탁하다는 결론에 귀착될 뿐이다.

두통이 있고, 눈이 아프면, 혈액 속이나 혈관 속의 독소 물질들을 바르게 청소될 수 있도록 몸의 정화기능을 활성화시켜 주어야 한다. 장과 간, 신장 등을 청소케 하고 잘못된 음식을 되도록 먹지 말 것을 권하며, 인체라는 기계를 수리해야 한다.

두통, 편두통, 생리통, 백내장, 녹내장, 황반변성, 안구건조증…. 눈병 대부분도 혈액과 림프액이 탁하고 몸속에 노폐물들 때문이라는 것이 경험의 가르침이며 하나의 깨우침이 되었다.

코속의 혹덩어리를 터트리면 금방 눈이 밝아지고 머리가 맑아진다. 경험해 보지 않으면 믿기지 않는다. 눈의 시력은 점점 떨어진다. 새로이 밝아지는 것은 현대 의학적으로 거의 불가능하다. 가끔, 백내장, 녹내장 수술을 하니 눈이 밝아졌다는 사람들이 더러 있다. 그러나 그것도 일시적일 뿐이다. 카이로프랙틱, 올바른 식생활과 운동 때도 놀라움이 때때로 나타나지만, 코속의 혹 덩어리를 터치하는 것 만한 효력은 없으며 뇌 속이 맑아진다는 느낌은 더욱 어렵다. 그런 뒤에 장, 간을 청소하고 특히 신장도 청소를 해야 한다.

또한, 올바른 식생활을 잘 실천하며 산행도 자주 할 것을 권한다. 그래야만 재발을 방지하고 건강한 삶을 얻을 수 있기 때문이다.

코로나, 메르스, 독감, 사스, 신종플루

코로나바이러스도 일종의 호흡기 바이러스라고 한다. 아마도 지구의 온난화와 환경의 오염으로 인한 재앙이 아닌가 추측해 본다.

남극과 북극의 얼음이 녹고 에베레스트 만년설이 녹고, 곳곳에 이상 기후가 나타나고 있다. 인간들이 지구를 황폐하게 만들어 죗값을 치르고 있다는 생각이 든다.

코로나와 독감, 메르스, 사스, 신종플루 등의 호흡기 바이러스가 나타나면 손발을 깨끗이 씻어라, 마스크를 꼭 쓰라 등의 가성비 없는 대처법을 강조한다. 현대인들 모두가 개인적으로 위생을 철저히 잘하고 있다고 본다.

그러한 영양가 없는 대처법보다는 실질적으로 도움 되는 메뉴얼을 공지하지 못하는 것이 안타깝다.

[코로나와 독감, 또 번이 바이러스가 출현했으니 각 개인은 면역력을 더욱 높일 방법들을 취하세요. 정크 푸드를 먹지 마시고 되도록 올바른 식생활과 운동을 하여 어떠한 바이러스도 스스로 퇴치할 수 있는 면역력을 기르세요. 또 어떤 음식들이 면역력에 도움이 됩

니다] 이런 올바른 메뉴얼을 내놓지 못하니 의학계도 애잔하다.

코로나든, 암이든, 면역력을 높여야 한다. 면역력을 높이려면 먼저 정크 푸드를 멀리해야 한다. 인체는 호흡과 음식 이 두 가지로 만들어지고 유지되기 때문에, 올바른 식생활과 산행을 자주하면 약 4주가 지나가면 몸과 멘탈이 바뀌기 시작한다. 그렇게 계속하면 모든 것이 바뀌기 시작한다. 시간이 더 지나면, 자신감이랄까, 내공이랄까, 일반적인 질병들에 감염되지 않을 듯한 면역력의 핵우산이 만들어짐을 느끼게 될 것이다.

그래도 조금만 방심하면 감기며 호흡기 질환이 달려들 수 있다.

나만의 코로나와 기타 호흡기 감염에 대처법은 이러하다.

생강을 달인 물에 도라지 가루 1T 스픈(작은 찻숟가락), 계핏가루 1T 숟가락 (작은 찻숟가락)에다 꿀은 밥숟가락 2개 정도 넣고 뜨겁게 해서 자주 마시는 것이다. 행여 다른 사람들도 감기며, 코로나, 사스, 독감, 메르스, 신종플루 등에 도움이 되었으면 한다.

그래도 안 되면 나는 나의 제품을 뜯어 마신다.

나의 제품이 호흡기 질환은 물론 가래, 천식, 폐 질환에도 도움이 되었으면 하고 만들었다. 실질적으로 폐암 환자나 일반인들이 복용하고 다들 좋아한다.

코로나 환자에게 직접 사용해 보지 못한 것이 아쉽다. 코로나 환자나 일반인들도 예방 차원이나 치료 차원에서 좋은 효능이 있지 않을까 추측해 본다.

여기에는 갱엿(쌀엿)이 맨 위층에 있고, 다음은 배, 다음은 도라지, 다음은 무우, 다음은 생강 등을 넣는다. 대부분이 우리가 일상에서 식재료 반찬으로 먹는 것들이다. 그러므로 부작용이 발생하지 않는다. 너무 진하면 물을 희석하거나 양을 줄여야 하고, 어린이들도 마찬가지다.

이 재료들을 120℃~117℃ 상회하며 13시간 정도 다린다. 그러므로 검은빛의 달달한 약재가 만들어지게 된다.

담배를 피우고 있어도 목이 시원해지고 아주 좋다고 한다. 나이가 많아 노쇠해지면 목에 가래가 붙어 항상 가른가른 거린다고 하는 분들이 더러 계시는데, 그러한 증상에도 아주 도움이 된다. 그렇다고 그렇게 많은 노인을 대상으로 효과를 파악한 것은 아니지만, 복용하신 분들 전부가 좋다고 전해 주신다.

폐암 환자들 몇 분도 복용하고 계시는데 전에 복용해 보았던 어떤 것들보다 좋다는 반응이시다. 어린이들의 감기약으로도 괜찮을 듯하다.

나의 제품을 코로나, 독감, 사스, 메르스, 신종플루 등에 예방 차원에서나 치료 차원에서 임상해 보고 싶은 마음이 넘친다. 다시 말하지만, 인체에 해가 없고 반드시 효과가 있으리라 추측해 본다.

만약에 코로나바이러스 치료나 예방에 커다란 효과를 보인다면 이 얼마나 좋은 일인가!!!

코로나, 사스, 메르스, 독감, 신종플루, 암, 당뇨, 심장질환, 신장병, 고혈압, 모든 질병에 걸려들지 않으려면 면역력을 길러야 한다고 외쳐 본다.

하지정맥류

혈액은 심장에서 시작되어 동맥을 통해 우리 몸 곳곳으로 공급되고 정맥을 통해 다시 심장으로 돌아온다. 팔다리에 분포된 정맥은 근육 사이에 놓여있는 심부정맥(Deep vein)과 피부 바로 밑으로 보이는 표재정맥(Superficial vein), 그리고 이들 두 정맥을 연결하는 관통정맥(Perforating vein)이 있다. 하지정맥류는 위 3가지 정맥 중 표재 정맥이 늘어나서 돌출되어 보이는 것을 말한다.

정맥 내부에는 판막(Valve)이라는 것이 있어 혈액을 항상 심장 쪽으로 흐르게 하는데, 하지정맥류는 이 판막이 손상되어 발생한다. 하지 정맥 내의 압력이 높아지고 정맥벽이 약해지면서 판막이 손상되어 심장으로 가는 혈액이 역류하면 정맥이 늘어나 피부에서 두드러지게 보인다.

하지정맥류

원인 : 어떠한 원인이든 다리의 표재정맥 내의 압력이 높아지면 하지정맥류가 나타날 수 있다. 일반적으로 하지정맥류가 있는 가족

이 있거나, 체중이 많이 나가거나, 운동이 부족하거나, 오랫동안 서 있거나 앉아 있는 경우, 흡연 등이 하지정맥류의 위험을 증가시킨 다고 알려져 있다. 남자보다는 여자에 좀 더 흔하고, 특히 임신했을 때 하지정맥류가 나타나기도 하는데 대개는 출산 후 1년 이내에 정 상으로 회복된다.

[네이버 지식백과] 하지정맥류 [varicose vein](서울대학교병원 의학정보, 서울대학교병원)

하지정맥류를 가진 사람들이 더러 있다. 원인은 위에서 다 설명 되어 참조하시면 된다. 치료는 대부분 병원에서 레이저 시술을 받 는 것이 보통이다. 그렇다고 하지정맥류의 발생 원인을 제거한 것 은 아니다.

나는 하지정맥류의 원인에 몇 가지 더 추가하고 싶다.

혈액이 탁하고 몸속에 독소와 노폐물들이 많다고 주장한다. 그리 고 자연적인 치료법으로는 장, 간, 신장도 청소한 뒤, 사혈을 받은 후에 들깨 기름을 하루 2~3회 정도 마시며 그 부위를 손으로 탁탁 치는 마사지 요법으로 흐름을 원활하게 하는 것을 권한다.

들깨기름의 양은 밥숟가락으로 한 숟가락이면 될 것이다. 언제부 터 효과가 있을 것인가는 사람마다 차이가 있을 것이다.

그러나 반드시 효과가 있으며 현명한 사람들은 심혈관 질환에도 큰 효과가 있으리라 미루어 짐작할 수 있을 것이다.

뒷목에 혹덩어리

목덜미에 커다란 혹 덩어리를 가진 이들이 더러 있다. 참으로 불편할 것이다. 어떤 젊은 친구는 20대 후반이나 30대 초반일텐데 목 뒤에 커다란 혹이 있어 아주 스트레스가 심하다고 했다.

목뒤에 커다란 혹 덩어리에는 대부분 비지밥이라고 하는 하얀 불순물이 모여 있는 경우가 대부분이다. 그 원인은 육류의 과다 섭취와 운동 부족, 잘못된 식생활 때문이라 추측되고, 몸 밖으로 배출되어야 할 불순물들이 한곳에 모였기 때문이다. 이러한 불순물이 발 옆의 관절에 모이면 통풍이 된다. 신장의 기능이 약하고 올바른 식생활을 하지 않았고, 운동 부족 탓이라고 본다.

꼭 그런 혹들이 목뒤에만 있으란 법이 없다. 어떤 이는 이마에도 그런 혹이 있고, 다른 이들은 귀 뒤에, 가슴에, 배에, 다리에, 머리에, 사람마다 부위가 다르다.

이런 나쁜 불순물이 내부 장기에도 모여 발생할 수 있고, 내부에 혹이 발생하면 그 혹의 표피를 떼어 양성이냐 음성이냐 검사를 하고 어떤 땐 악성 종양으로 검진이 되는 때도 없지 않을 것이다.

혈관과 붙어있지 않고 혹이 작으면 수술로 제거할 수 있지만, 혹이 크고 혈관 가까이 붙어있으면 수술할 수 없어진다. 설령 수술을 한다 해도 혹 덩어리가 만들어진 원인을 제거한 것은 아니다. 하지만, 혹을 제거하고 나면 날아갈 듯 편안해 지지라.

몸에 불편한 혹 덩어리가 있으면, 장, 간 디톡스를 많이 하면 없어지는 경우가 그렇지 않은 경우보다 더 높다. 장, 간을 청소하면서 나는 몸속에 불순물을 제거할 수 있는 제품을 복용케 한다. 수술이나 어떤 치료법보다 더 효과적일 때가 많다.

나는 암 덩어리가 있어도 이렇게 암에 접근하는 것이 바른 방법이요, 인체에 해가 미치지 않으며 혹 덩어리와 90세 이상까지 건강하게 사는 방법이 아닐까 생각한다.

몸에 혹 덩어리가 있는 분들은 절대 정크 푸드나 구운 육류, 튀긴 음식 등을 피해야 함을 거듭 강조하며, 올바른 식생활과 산행을 자주 할 것을 추천한다.

폐암 말기

폐암과 췌장암은 치사율이 높아 모두가 죽음으로 쫓겨가는 듯하지만, 그중에서 살아남아 폐암이나 췌장암 환자도 병을 물리치고 건강을 회복한 사람들이 있다고 한다.

폐암의 원인이 담배가 아닐까 추측하지만 담배를 전혀 피우지 않은 산속의 아주머니도 폐암에 걸렸다고 한다. 남편도 담배를 피우지 않았으니 간접흡연과도 관련이 없는 듯하다. 나는 폐암을 일으키는 원인으로 가정에서 사용하는 가스가 중요 원인 중의 하나가 아닐까 추측해 본다. 그렇다고 담배와 폐암의 연관성이 전혀 없다고 보지 않는다. 뒷집의 아재를 보면…

건너 동네에 새로 이사를 온 사람이 올해 60세쯤 되었을 것이다. 2020년 가을에 폐암으로 병원 치료를 여러 차례 받고 있다는 소문이 있었다. 그해 겨울쯤에 아주 위험해질 수 있다는 소문도 돌았다. 나는 생각했다. 아무리 폐암이라도 황토방에 잠을 자고 음식을 정갈하게 먹고 공기 좋은 이곳에서 운동하면 좋아질 수 있을 텐데….

한 번은 찾아갔더니 항암 치료받고 기력이 전혀 없어 만날 수 없다고 가족이 이야기해서 그냥 돌아왔다. 그리곤 올해 2021년 어느 때부터 운동하며 동네 앞을 지나가는 모습을 자주 보게 되었다. 그래서 대화도 여러 차례 했다. 얼굴이나 건강 상태가 양호한 듯하다.

암 덩어리를 그냥 둔 채 친구 하며 90세까지 전보다 더 건강하게 살게 할 순 없을까? 지지고 볶고 (방사선), 극약 (항암제)을 사용하지 않고…. 너무 상태가 위중하면 수술은 하되, 수술이 끝나고 몸이 회복되면 퇴원하여 공기 좋은 곳에 황토방에 따뜻하게 자고 음식과 생활 방식을 바꾸며 맨발로 자주 걸으며 복식 호흡을 자주하며 자연 친화적으로 생활하면 90세까지 건강하게 충분히 살 수 있다 본다.

나는 폐암에도 내가 늘 주장하는 질병 발병 공식을 적용한다. 유전 7, 운동 부족 10, 환경 및 기타 13, 잘못된 식생활 30, 스트레스 40(%)

폐암과 췌장암은 좀처럼 발견하기가 힘들다. 두 가지 암이 판정이 나면 이미 많이 진행된 상태라는 것이 약점이다. 그런데 이때 암에 대처하는 방법이 3대 요법이 아닌 더 진보되고 안전한 방법들을 제공해야 하는데 그렇지 못하다.

나는 폐에 도움이 되는 제품을 가지고 있다. 폐암 환자 2명이 먹어보곤 좋다고 한다. 암이 나았다는 것은 절대 아니다. 다른 어떤 제품이나 치료 약들보다 낫다는 것이다. 기침, 가래, 천식, 각종 폐 질환 등에 아주 괜찮은 반응이 있다.

폐암이 치사율이 높다고 하지만, 마음을 굳건하게 가지고 깨끗한

공기와 따뜻하게 잠을 잘 자고 음식을 바르게 먹으며 맨발로 자주
걸으면 암을 반드시 이길 수 있다 본다.

다시 한번 나의 외침을 전하고 싶다.

"암 덩어리는 사람의 목숨을 앗아 갈 수 없다.!!"

파킨슨병에 대하여

파킨슨병을 앓고 계시는 82세 된 할머니를 우연히 알게 되었다.

머리와 팔을 계속 흔드시고 말씀도 중간중간에 한 번씩 끊어진다. 머리 떨림이 있은 것은 10년 전쯤이고, 말씀이 어려우신 것은 젊은 날부터라고 하시니 오래전부터 파킨슨병이 발병한 것으로 추측할 수 있다.

이 질병 역시 원인이 밝혀진 게 없으며 치료제나 치료법이 없다. 전 세계에 이런 질병을 앓고 있는 이들이 많다고 한다.

파킨슨병은 뇌신경 중 일부가 침습 당한 것이다. 침습한 원인 물질은 나쁜 혈액과 림프액, 변형된 호르몬이라 추측한다.

그런데 신기한 일이 벌어졌다. 할머니께서 머리 흔드시는 것을 멈추게 해드렸다. 그러려고 한 게 아니고 머리가 자주 아프시고 눈도 아프셔서 영감님이 하도 부탁하시기에 도움이 될 듯하여 코안을 사혈해 드렸다. 신통한 것은 곧바로 머리가 맑아지시며, 머리 떨림을 멈추시게 된 것이다.

전에 두 번인가 손과 머리를 떨고 있는 분들을 만난 적이 있었다.

그분들 역시 수전증이 멈추었다. 그렇다고 내가 수전증이나 파킨슨병을 완벽히 제압할 수 있다고 자랑할 것은 못 된다. 파킨슨병을 앓고 있는 100명 정도를 완치시켰다면 그래해도 되리라~ 그렇지만 다른 분들도 많은 도움이 될 것임을 확신한다.

나만 놀라는 것이 아니라, 할아버지며 지인들도 놀라워하신다. 할머니께서 외국 병원이며 전국의 병원과 한의원을 다녀도 차도가 없던 것이 순간에 좋아지신 것이다. 나도 잘 믿기지 않았다.

또 하나의 불치병을 정복할 수 있을 것으로 생각하면 너무도 흥분된다. 재발을 방지하기 위하여, 허준이나 편작이 모르는 간단하고도 재미나는 처방을 하였다. 도움이 되는 액기스도 있는데, 드리지 못하고 시간이 흘러버렸다.

파킨슨병은 내가 정복하고 말리라!!!

루게릭병에 대하여

질병의 종류는 167,000 정도가 등재되어 있다고 한다.

이 중에 질병의 원인이 제대로 규명된 것이 거의 없다고 한다. 그런데도 병증마다 약들이 처방된다. 원인을 모르는데도 처방받고 복용하고 있으며, 감기나 통증 같은 것은 치료가 된 듯이 효과가 나타난다.

당뇨약을 복용하니 당뇨의 수치가 뚝 떨어지고, 혈압약을 복용하니 혈압이 뚝 떨어지고, 머리가 아프거나 생리통, 치통, 요통…. 진통제를 먹으니 금방 통증이 없어지고 살 것 같다. 그러면 통증을 일으키는 원인이 약을 먹음으로써 제거되었나? 그렇지 않다. 신경이 차단되고 약물로 인해 잠시 숨어 있는 것이다.

루게릭병은 더욱 그러하다. 원인도 모르고 치료법이나 약이 전혀 없다.

나는 루게릭병도 절대 정크 음식을 먹어선 안 된다고 외친다. 인체는 음식과 호흡, 배설, 이 세 가지로 만들어지고 유지해 갈 뿐이기 때문이다.

루게릭이란 질병도 나의 질병 발병 공식이 통하는지 많은 루게릭 환자들에게 질문해 보고 싶다. 유전 7, 운동 부족 10, 환경 및 기타 13, 잘못된 식생활 30, 스트레스 40(%)

운동신경만 선택적으로 서서히 퇴화하여 결국 죽음으로 쫓겨 간다. 그런데 루게릭병 환자에게서 재미나는 사실을 듣게 되었다.

어떤 루게릭병 환자가 증세가 심해져 사지가 마비되어 휠체어를 타다가 어느 날 넘어져 머리를 부딪쳐 심하게 다쳤다는 것이다. 보호자가 늦게 와서 출혈이 다소 많았다고 한다. 병원으로 가서 지혈 치료받고 왔는데, 그 뒤로 루게릭병이 아주 좋아졌다는 것이다. 나는 루게릭병 환자에게서 그 이야기를 듣고 확~ 느껴지는 것이 있었다. 확실히 루게릭병이란 질병도 혈액과 림프액의 문제점이라는 것을…. 그리고 혈관과 림프나 신경세포에 루게릭병을 일으키는 나쁜 물질이 숨어 있다 본다. 그것을 제거하는 것은 혈액과 림프액을 맑게 하고 몸속에 독소들을 제거하며 어혈(혈전)을 제거해 주면 충분히 도움이 되지 않을까 추측해 본다. 산에 있는 몇몇 약초는 루게릭병에 아주 좋은 효과를 낼 것이라는 짐작이 가슴을 뛰게 한다.

세계 모든 의학이나 의료계에서 불치병이라 낙인 찍어 놓은 것을 나는 치료의 가능성이 크다 본다.

앞서 서술했듯이 혈액과 림프액을 맑게 하고, 몸속에 독소와 노폐물들을 제거하면서 약초 물을 매일 마시면 좋은 효과가 나타나지 않을까하는 생각이 넘친다.

루게릭병 치료에 도움 되는 것은 첫째는 사혈이라 본다.

둘째는 몸속 청소에 있으며, 셋째는 맨발로 걷기, 넷째는 올바른 식생활, 다섯째는 약재를 복용하는 것.

나는 또 다른 운동을 권한다. 구르기다. 바닥에 누워 두 팔을 위로 올려 얼굴을 보호하며 옆으로 구르고 다시 반대로 구르고, 또 앞뒤로도 구르라고 한다.

하루에 적당히 하며 계속하면 모든 신체 기능이 좋아진다. 특히나 암 환자들에겐 반드시 권한다. 너무 많이 하면 머리가 어지러우니 조심하시길….

어떤 의학이나 의술도 정복하지 못한 질병을 열심히 도전하여 꼭 정복하고 싶다.

아토피에 대하여

아토피를 앓고 있는 이들이 의외로 많은 듯하다. 특히나 유아들에게 발병하면 어머니들이 몹시 힘들어진다.

나는, 아토피는 식원병(食源病)이라고 20년 전부터 떠들고 다닌다. 즉, 잘못된 음식이 아토피며, 모든 피부병을 일으킨다는 게 나의 지론이다.

유아들에게 발병하는 경우는 임신하기 전이나, 임신한 후에 인스턴트식품이나 패스트푸드 같은 정크 푸드를 먹었기 때문이라 본다. 그리고 어린이들에게 나타나는 경우도 새집증후군보다는 잘못된 식생활 때문으로 간주한다.

유아들에겐 그렇게 할 수 없지만, 어린이들이나 성인이라면 아토피는 좋은 소금물을 자주 마시면 약 5~6개월이면 깨끗이 나을 수 있다는

현명하신 할머니의 경험을 전하고 싶다.

첨부할 사항은 역시, 정크 음식 같은 나쁜 음식들을 피해야 함을 꼭 명심하시길…!

통풍과 당뇨병으로 발가락이 몹시 아플 때

통풍을 겪고 있는 이들이 의외로 더러 있다. 그분들은 신장의 기능이 떨어져 요산이나 크레아틴, 그 외에 다른 물질들이 몸 밖으로 빠져나가지 못하여 관절로 모여든 현상이라고 나는 주장한다.

통풍이 발병하면 그 부위에 약초를 붙여 진물이 나오게 하는 방법이 아주 뛰어나다. 몇 사람을 해 보았을 때 너무도 좋다. 이 방법은 무릎이 시큰거릴 때 쓰는 방법과 같다.

또, 당뇨병이 심해지면 발가락이 검게 변하고 썩어들어간다. 이런 악한 상황이 벌어지면 현대 의학은 발가락을 절단하는 방법을 취한다. 그리고 더 심해지면 그 위쪽 부분도 절단한다.

당뇨병에 올바르게 대처하지 못하고 합성인슐린을 장기간 복용한 탓이며, 환자 역시 음식을 조절하지 않고 운동도 열심히 하지 않은 탓도 있다. 그리고 여러 가지 양약들을 한꺼번에 복용해도 좋지 않은 상황이 연출된다.

최근에 발가락이 검게 변하면 자연적인 방법으로 치료를 할 수 있는 비방을 얻게 되었다. 그것은 간단하다.

따뜻한 물에 좋은 소금을 풀어 발을 오랫동안 담그고 있으면 피부를 통하여 나쁜 물질들이 빠져나오고 검은 발가락이 좋아진다고 한다. 행여, 그러한 분들이 있다면 행하여 좋은 결과가 있으시길 바란다.

또 하나의 방법은, 육류의 섭취를 줄이며, 정크 푸드를 끊는 것은 당연지사! 올바른 식생활을 하며 맨발로 걸었더니 그렇게 심하던 통풍이 싹 없어졌다고 지인이 알려주신다.

최근에 어떤 지인은 스스로 림프암과 투병을 하고 계신다. 항암 치료를 한 번 받으시더니 이것은 아니다란 확고한 신념으로 병원 치료를 단념하시고 집으로 와서 맨발로 걸으시며 절대 육식하지 않고 자연식으로 바꾸고 잘 생활하고 계신다.

이분이 통풍이 있었는데, 맨발로 걷고 육식하지 않으니 한 달 정도 되니 통풍이 완전히 나았다고 한다. 그리고 림프암이나 다른 모든 부위도 아주 좋아지고 계신다고 했다.

내년에 병원에 가서 암 완치 판정받을 확신을 하고 계신다.

의학과 의술을 넘어,
흰 모발을 자연적인 검은 모발로

나이가 많아지거나 심한 스트레스, 어떤 질병들을 겪고 나면 머리카락이 많이 빠지고 희끗희끗하게 변하는 경우가 왕왕 있다.

많은 사람이 머리카락이나 흰머리를 감추고자 다양한 방법을 취한다. 그중에 염색이 아직은 대세다. 그런데 우연히 흰 머리를 자연적으로 검게 할 수 있는 방법을 얻게 되었다.

여기에는 여러 가지 곡식과 해산물, 약초도 들어간다.

제품을 만들어 열심히 임상하니, 정말로 흰머리가 모두 검은색으로 자연스레 변함을 경험하였다. 또한 머리카락이 굵어지고 잘 빠지지 않으며 건강한 모발로 변했다. 나 같은 경우엔 약 52일간 복용하니 그렇게 되었다. 그런데 사람마다 바뀌는 시간은 다르다. 어떤 분은 4개월이 지나서야 변하기 시작했고, 어떤 분은 약 6개월이 지난 후에야 조금씩 검어지기 시작한다고 알려 준다. 빠른 시간에 검은 모발로 바뀌지 않는데도 계속 자오(自烏)를 복용하는 이유는 영양제로나 소화제로도 그 효력이 화학적인 영양제와는 다르고 건강 증진에 도움이 되기 때문이리라. 덤으로 피부가 탱탱해지는 느낌과 맑아짐도 느낄 수 있으리.

흰 모발이 갑자기 검어지는 것이 아니고, 인체 내에 많은 세포나 장기들이 좋아지고 난 뒤에 효력이 나타나는 듯하다. 손상된 DNA가 회복되는 듯한 느낌을 숨길 수가 없다. 90세는 몰라도 100세까지 건강하게 넘으려면 필요한 제품이 아닐까 추천해 본다.

지금까지 선진국에서도 흰 머리를 자연적으로 검게 자랄 수 있도록 하는 제품은 없는 듯하다.

내가 2020년 3월 19일 저녁부터 복용하였는데, 1개월 20일(약 50일)이 지난날부터 흰 머리가 사라지기 시작했다. 머릿밑에 하얀 모발이 많았는데 드문드문 보이고 머리카락이 굵어지고 건강해졌다.

그리고 자오(自烏)를 복용한 분들 대부분이 머리가 검어졌다고 속속 연락이 온다. 이렇게 대단한 제품이 될 줄 몰랐다. 처음엔 나도 반신반의했기 때문이다.

곡식과 해물…. 아무리 먹어도 부작용이 없다는 것이 큰 매력이지 않은가?~

분명한 것은 사람마다 차이가 있다는 것과 나이와 관계없이 반드시 검은 모발이 난다는 것이다. 1개월부터~ 2개월부터~ 3개월부터~ 4개월~

처음 복용할 때는 하루 3회 복용을 권하며 완전히 검은 모발이 되면 그다음은 하루 1회 정도 복용해도 계속 검은색 모발을 유지할 수 있을 것이다.

100세가 넘어도 검은 머리카락을 유지할 수 있다니 놀랍지 아니한가?

세상에 이런 일이….

모발을 건강하게

나이가 들면 모발이 가늘어지고 많이 빠지는 것이 보편적이다. 혈액이 탁해지고 몸속에 독소와 노폐물들이 많아진 탓이다.

모발을 건강하게 잘 유지하고 덜 빠지게 하려면, 먼저 인스턴트, 패스트푸드 같은 정크 푸드를 피하고, 운동을 열심히 하면서 아래와 같은 방법들을 사용해 보면, 샴푸를 쓰는 것보다 머릿결이 좋아지고 머릿밑도 깨끗이 할 수 있고, 모발 건강에 많은 도움이 될 듯하다.

나는 여름 동안에는 사용해 보았다. 할머니의 말씀에 고마움을 느낄 수 있을 정도이었다. 그러나 겨울이 되니 시골에서 어렵다. 다시 여름이 오면 실행할 것이다.

사용 방법

세면기에 따뜻한 물을 받고 여기에 밀가루를 2~3스푼 풀어 저어서 충분히 풀리면 뿌연 물에 머리를 감는다. 잠시 머리를 담그고 있어도 되리라.

머리를 헹굴 때는 다시 따뜻한 물을 받아 여기에 식초를 조금 넣어 잘 섞은 다음, 머리를 헹구면 머리가 덜 빠지고 머릿밑이 개운해진다.

어떤 80세가 넘으신 현명한 할머니의 비방을 나도 세상에 전할 수 있어 감사할 따름인져….

화학적인 샴푸…. 그것만 줄여도 세상은 많이 건강해지리라~

현대의학이 설치한 폭발물 제거

처음 만나 차를 마시며 대화할 때는 숨 쉬는 것조차 고르지 않았다.

의사의 교본 책 중에는 4가지 이상의 양약을 복용하는 사람은 의학의 영역을 벗어나 위험한 영역에 있다고 적혀 있다고 한다. 누구나 화학적인 양약을 4가지 이상 복용하고 있으면 의학의 영역을 벗어난 위험 단계임을 명시해 두어도 아무도 그런 기본적인 중요사항을 지키지 않는다.

그분이 내게 온 것은 2020년 2월 24일 월요일이다. 전에 강연할 때 참석하였고, 그때 나의 책을 읽어보시다 궁금하여 찾아오신 것이다.

이분이 복용하고 있는 약들은 혈압약, 심장약, 당뇨약, 수면제, 우울증약, 아스피린, 관절약, 무려 7가지나 되었다. 많은 이야기를 나누며 나의 프로그램대로 일체 양약을 끊어 볼 것을 제안했더니 흔쾌히 동의하셨다. 현대 의학이 설치해 놓은 시한폭탄들을 하나하나 제거해 나가는 것이 엄청 어렵다. 잘못하면 위험해진다.

다들 잘 알고 계시지만, 혈압약 중에서 최후 단계인 알파 및 베타 차단제를 복용하시는 분들은 3일 만 중지 해도 사망으로 이어지는 경우가 왕왕 있다.

수면제와 우울증약을 끊으니 2~3일간 잠이 오지 않아 힘들어했지만, 약 4일부터 잠을 잘 잔다고 하신다. 심장약을 끊고, 119를 부를 준비와 주머니엔 항시 응급 심장약을 준비하며 위험한 상황 속에서 무사히 잘 넘어갔다. 대신에 심장병의 위험을 줄이기 위하여 항상 저녁 식사 중에는 와인을 드시게 했다. 물론 금진옥액과 코, 머리, 다리 등에 사혈을 받게 해서 위험을 줄여 놓았다.

저녁엔 절대 육류를 먹지 말 것과 아침이나 점심때 육류를 먹을 때는 반드시 삶은 것으로 드시며, 정크 푸드를 일체 드시지 말 것도 주문했다. 채소와 과일을 많이 드시고 걷기 운동과 구르기 운동을 많이 할 것을 주문했다.

엄청난 약들의 중독에서 벗어나게 할 수 있는 것은 많은 경험과 신뢰와 용기, 환자의 믿음이 없으면 되지 않는다.

고혈압이 발병하면 양약을 복용치 않고 낮추는 방법이 있고, 당뇨가 발병하고 오래되어도 약물 없이 치유할 수 있다. 다른 질병들도 마찬가지다.

그것은 혈액과 림프액을 맑게 하고 몸속에 독소와 노폐물들을 제거하면 인체는 강력한 면역력을 회복하며 모든 질병을 스스로 물리치기 때문이다.

이 자연의 법칙을 잘 활용하면 의학과 의술과 화학적인 약품을 넘어 깨우침을 얻고 건강한 육체와 멘탈을 얻게 된다.

시한폭탄 같은 화학적인 약물 중독의 늪에서 벗어나야 진정한 건강의 기쁨을 만끽하게 되리라~

건망증과 치매, 뇌 세포 활성화를 위하여

나이가 60대가 되니 점점 건망증이 심하여지는 듯하다. 건망증이 더하는 이유를 살펴보니 아마도 전에 담배와 술을 즐긴 것이 찜찜하다. 그리고 잘못된 식생활도 크게 한몫했다고 본다. 담배, 튀긴 음식, 패스트푸드 인스턴트식품들, 운동 부족, 저녁에 육류로 포식하고, 스트레스 등이 주요 원인이 될 것이다. 개인적인 경험은 치아를 치료받기 위하여 마취한 것도 영향이 있는 듯하고, 축구를 하다 코뼈를 다쳐 전신마취 한 것도 건망증에 영향이 있는 듯하다.

그런데 걷기 운동이 그렇게 중요한데 최근에 못 한 것이 가장 큰 원인이리라.

건망증 회복에 가장 좋은 방법이 걷기 운동이며, 다음은 정크 음식 같은 쓰레기 음식을 먹지 않는 것이 중요하다고 보며, 다음은 몸속 청소와 사혈에 있으며, 다음은 창조적인 생각을 많이 하는 것이 중요하다 본다.

인터넷 검색창에서 뇌 활성화에 대한 글을 올려놓으신 분이 있다. [소나무님]의 글을 옮겨 본다.

거기에는 운동이 뇌의 용량을 줄어듦을 방지하고 나아가 더욱 활성화한다는 미국 과학자들의 연구가 소개되어 있다.

[뇌는 만 25세 정도에 가장 크고 그 후로는 매년 조금씩 작아진다. 평생 새로운 뇌세포가 만들어지는 것은 사실이지만 만들어지는 세포보다는 죽는 세포가 더 많다. 전체적으로 따져보면 우리는 매일 초당 10만 개 정도의 뇌세포를 잃는다. 이 과정은 1년 내내 계속 이어진다. 뇌에는 1000억 개 정도의 세포가 있으므로 모아서 쓸 만큼은 충분하지만, 시간이 지나면 이 손실의 효과가 눈에 보이기 시작한다. 1년 동안 뇌 부피는 0.5~1% 정도 줄어든다. 엄지손가락 크기의 기억 중추이자 바다에 사는 해마(seahorse)처럼 생긴 뇌 영역인 해마(hippocampus)는 나이가 들면서 수축하는 뇌 영역 중 하나다. 인간은 양쪽 뇌 측두엽의 깊숙한 곳에 각각 하나씩 모두 두 개의 해마를 가지고 있다. 해마의 크기는 매년 1% 정도 줄어든다. 기억력이 해가 갈수록 나빠지는 이유도 바로 해마가 느려도 꾸준히 줄어들기 때문이다.

오랫동안 뇌의 발달 과정은 뇌의 노화를 가속하고 해마의 수축을 촉진하는 알코올이나 마약 같은 것에 악영향만 받을 뿐 긍정적 영향을 받는 일은 절대 있을 수 없다고 생각했다. 그래서 이런 발달을 멈추거나 심지어 반전시키는 일은 불가능하다고 여겼다. 이제 이런 부분을 배경 삼아 운동이 기억력 뿐만 아니라 뇌 전체에 놀라운 영향을 미친다는 설득력 있는 증거들을 살펴보겠다. 미국의 과학자들은 MRI 스캔을 이용해서 121명의 뇌를 검사하고 1년의 시차를 두고 두 번에 걸쳐 해마를 측정했다. 그리고 그동안 실험 참가자들을 무작위로 두 집단으로 나누어 서로 다른 활동에 참여하게 했다. 한 집단은 지구력 운동했고 다른 집단은 심장박동수를 높이지 않는 스트레칭 같은 가벼운 운동을 했다. 1년이 지나자 지구력 운동했던 집단의 참가자들은 그보다 가벼운 활동에 참여했던 집단의 참가자들보다 몸이 더 튼튼해졌다. 여기까지는 당연한 일이었다. 하지만 해마에는 어떤 일이 일어났을까? 가벼운 활동을 한 참가자들의 해마는 1.4% 줄어들었다. 이 역시 놀랄 일이 아니다. 어쨌거나 해마는 1년에 1% 정도 줄어들까 말이다. 정말로 흥미로운 사실은 지구력 훈련에 참여한 집단의 사람들은 해마가 전혀 줄어들지 않았다는 점이었다. 오히려 상장해서 2% 더 커졌다. 해마가 1년 사이에 늙기는커녕 회춘해서 크기로만 따지면 2년 더 젊어진 셈이 되었다. 거기서 끝이 아니다. 참가자가 몸이 더 튼튼해질수록 해마도 더 크게 성장했다. 몸이 제일 많이 튼튼해진 사람의 해마는 2% 이상 자랐다.

어떻게 이런 일이 일어났는지에 관한 아주 중요한 의문이 당연히 뒤따른다. 뇌의 비료인 BDNF(신체활동이 많아질수록 증가한다)가 역할을 강화해서 기억력에 영향을 미친다고 설명했던 것을 기억하는가? 실제로 그랬다. 과학자들이 BDNF 수치를 검사했더니 이것이 증가할수록 해마도 크게 성장했다. 대체 어떤 기적의 프로그램이 1년 만에 이런 중요한 뇌 영역에 활력을 불어넣고 재성장을 촉진할 수 있겠는가? 실험 참가자들이 자전거 페달을 허벅지에 불이 날 정도로 세게 밟기라도 했을까? 아니면 엄격하게 시간을 재면서 숨이 턱까지 차도록 달리기라도 했을까? 전혀 그렇지 않았다.

사실 이들은 실내 자전거도 달리기도 하지 않았다. 그저 일주일에 세 번씩 한 번에 40분 정도 빠르게 걷기(power walk)에 참여했을 뿐이었다. 이것이 의미하는 바는 일주일에 몇 번씩 빠르게 걷거나 달리는 것만으로도 뇌의 노화를 멈추거나 역전 시키고 기억력을 강화할 수 있다는 것이다.

하지만 이런 종류의 실험에서 나온 결과를 판독해서 결론을 끌어낼 때는 항상 신중해야 합니다. 실험은 실험이고 현실은 현실이다. 해마를 노화로부터 보호할 수 있고 심지어 다시 회춘시켜 더 크게 만들 수 있다면 이것이 우리 삶에 주는 의미는 무엇일까? 단순히 열심히 움직이는 것만으로도 기억력을 향상할 수 있다는 말인가? 이 질문에 짧게 대답하자면 절대적으로 그렇다!

오랜 역사를 지닌 과거 연구들도 분명히 같은 방향을 가리킨다. 운동을 통해 단기기억과 장기기억 모두 향상할 수 있고 노화와 함께 찾아오는 해마의 붕괴도 속도를 늦추거나 심지어 역전시킬 수 있다.

인터넷 검색창 : 소나무

뇌세포와 건강을 더욱 활성화하기 위해선 저녁에 육류를 먹지 말 것을 권한다. 평소에도 패스트푸드, 인스턴트식품을 절대 삼가고 올바른 식생활을 해야 하며, 정기적으로 장, 간을 청소하고 또, 신장도 청소하면서 코안을 사혈을 받으며, 운동을 자주 할 것을 권한다.

나는 건망증이나 치매에 도움이 되는 제품을 가지고 있다. 위에 나열한 자연적인 방법들을 행해도 부족할 때 이용해 주시기 바란다.

99세 든, 120세 든, 죽음이 오는 순간까지 똑바른 의식을 가질 수 있는데 일조를 할 수 있었으면 한다.

더러운 성질 이야기

나도 가끔 짜증을 내지 않아도 될 일에 짜증을 내고 격한 반응을 한다. 이 짜증이나 격한 반응들이 모여 성질머리로 진화되고 더 나아가 성격으로 발전된다.

요즈음, 강력하고 끔찍한 범죄가 자주 발생하고 있다.

세계 곳곳에서 한국이 가장 심하지 않을까 생각된다. 왜 그러할까? 우리는 지금 위험한 사회를 살고 있다. 그리고 좋아질 기미가 보이질 않고 나빠질 조건들이 즐비하다.

차 속에서 가족이 동반 자살하고, 집에 불을 질러 가족이 함께 죽고, 남의 집에 불을 지르고, 차를 막고 시비하고, 모르는 젊은이들이 동반 자살하고, 부인을 찌르고 자살하고, 부모를 죽이는 패륜아, 자식을 죽이는 인간 이하의 사건, 묻지마 폭행, 데이트 폭력, 학교 폭력, 가정 폭력, 너 죽고 나 죽자~ 막가파 사고방식….

나는 이렇게 생각한다. 더러운 성질 뒤에는 반드시 나쁜 음식이 있었다고 본다. 그리고 게임이나 오락도 한몫한다고 본다.

풀만 먹으면 4개월 뒤부터 성질이 풀잎처럼 부드러워질 것이다.

소, 코끼리, 말, 양, 기린 등의 초식 동물들은 비교적 성질이 온순한 편이다. 그들도 화가 나면 무섭다. 그러나 그것은 극히 드물다.

잘못된 식생활, 빨리빨리 외치고, 상대를 인정하지 않는 잘못된 습성…. 치열한 경쟁의 사회 구조와 게임 문화…. 또한 약물의 호남용(好濫用)…. 넓지 않은 마음들….

욱하며 발생하는 범법자들이 너무 많다고 뉴스에도 회자 되었다. 욱~ 성질에 반드시 나쁜 음식이 있었다고 주장한다. 이것을 알지 못하는 이들이 너무 많다.

성격이 형성되는 것은 유전적인 소인이 다분히 많다고 생각한다. 그것은 어릴 적 성격이고, 후천적으로는 음식을 올바르게 섭취하면 성격이 올바르게 바뀌게 된다.

교도소에 왜 콩밥이 나오게 되었는지 꼭 알아보시길 바란다. 즉, 음식이 성격을 좌우하게 된다는 것이다.

가령 밀가루 음식이나 튀긴 음식을 많이 섭취하면 필수 영양소들의 부족과 튀긴 음식에서 고온의 변성 기름 성분들이 트랜스지방을 넘어 엄청난 유해 성분으로 인체를 잠식해 간다. 그리곤 어느 정도 시간이 지나면 튀긴 성질로 변하는 것이다. 라면을 먹어선 안 된다. 그렇게 외쳐도 사람들이 듣지를 않는다. 그리곤 어느 날 나도 라면을 먹었다…. 안타까운 현실이다. 그러나 나는 라면을 요리할 때 채소를 많이 넣는다. 음식에 들어간 각종 화학적인 재료들이 성격 형성에 지대한 영향을 미침은 물론이요, 결국엔 질병으로 돌출될 수밖에 없다. 분노 조절 호르몬이 소실되어 가는 것이다. 좋은 머리가 나쁜 음식들에 의하여 나쁘게 방향을 잡고 그쪽으로 계속 치우치게 되는 것이다. 몸속 코드가 잘못되어 계속 자극적이고 감칠맛이 나는 것들을 끌어당기기 때문이다. 기업은 그러한 맛으로 충성 고객을 확보하는데 혈안이 되어 있다. 넣어서는 좋지 않은 화학적인 재료를 교묘하게 사용한다.

튀긴 음식을 자주 먹으면 성질이 괴팍해지고, 비염이 심해지고, 짜증을 자주 내며, 틱장애를 일으키고 집중력을 상실하며, 변덕쟁이가 되고 변태 인간이 되는 것이다. 여기에 게임이나 오락을 즐기면 신경이 긴장 모드로 변해 시한폭탄이 되는 것이다. 부모님도, 자식도, 가족도 잊고 욱하며 폭발한다.

해로운 성분들의 요소가 많아지면 장기나 신경 세포가 이상 반응한다. 아토피, 피부트러블, 우울증, 조울병, 공황증, 틱장애, 이상한 성격, 뾰루지, 자살 지향적인 마음, 자가면역성 질환, 치아 부식 및 풍치, 대상포진…. 그리고 더러운 성질로 나타나는 것이다.

어린 날에 인스턴트식품을 많이 먹으면, 저혈당증 증세가 나타나 주의력 결핍, 과운동증, 이상한 행동이나 이상한 질병들이 나타난다. 여기에 스트레스가 합쳐지면, 우울증, 공황증, 조울병 등의 정신질환이 나타나고, 그때 나타나지 않으면 10년 주기로 나타난다. 예를 들어 10대에 인스턴트식품을 즐겨 먹으면 20대에 그러한 증상이 나타나기 시작한다. 20대에 그러한 것을 즐겨 먹으면 30대 후반에 그러한 증상이 나타나 가정과 사회를 위험하게 한다. 그것이 남성이든, 여성이든…. 그리고 불임에도 절대적인 영향이 있다고 본다. 운동성이 부족한 난자와 정자…. 정부와 의학이 불임을 치료 코자 어마어마한 세금을 투여하며 열성을 올리고 있는데, 효과가 거의 없다. 왜냐하면 문제의 원인을 규명하지 못하고 엉뚱한 곳에 쏟아붓기 때문이다.

불이 어디에서 타고 있는지 어디서 발화했는지 모르고, 연기가 난 곳으로 쫓아가고, 산에서 고래를 찾으려 한다. 너무 간단한 곳에 묘책이 있는데도 알아보는 이들이 없다.

첨가물이 많이 든 빵이나 과자, 초콜릿, 중국 음식…. 청량음료…. 이러한 것이 호르몬을 교란시키고 유전자 손상을 일으키며 위험한 인간으로 몰아 가고 있다. 여기에 잘못된 성 문화로 문제가 더욱 복잡해지고 사건 사고가 늘어나고 있다. 게임을 하면 모든 세포는 극도의 긴장 분위기로 빠져들고, 성호르몬의 파괴, 분노 조절 호르몬의 소멸, 아드레날린(코르티솔) 과다 분비에 의한 과립구의 증가, 활성산소 분포도가 엄청나게 올라간다. 몸속에는 젖산이나 일산화질소 등의 치명적인 독소 물질들이 서서히 퇴적하기 시작한다. 인성이 아니라 위험하고, 무서운 시한폭탄으로 변해가는 것이다. 그래서 어린 중학생이 게임을 말리는 어머니를 살해한 것이다.

좋지 않은 음식을 즐겨 섭취하는데, 어떻게 성격이 바르게 될 수 있는가…? 어떻게 결혼 생활이 유지될 수 있겠는가…? 왜, 이혼했는가…? 이혼의 이유 중 서로 성격이 맞지 않은 사항에 가장 많은 표를 던지고 있다. 이혼 사유도 궁극으로 파헤치면 결국은 대부분 밀가루 음식, 튀긴 음식이 문제가 되었음을 아는 이들이 없다. 그 사람의 젊은 날과 어린 날…. 올바른 음식을 섭취하도록 바르게 지침을 준 부모나 사회적인 메뉴얼이 많이 부족하다. 우리는 전 세계 어디보다 치열한 경쟁의 환경에서 태어난 느낌이다. 태어나자마자, 일등을 상기해야 하는지도 모른다. 그런 것이 바른 인간성, 바른 사회인, 행복의 개념을 잊게 하는 것이다.

약물의 호남용…. 머리가 아프다, 두통약을, 감기에 걸렸다, 감기약을, 마음이 우울하다, 우울증약, 허리가 아프다, 진통제를, 갑상샘에 이상, 갑상샘 약을... 생리불순이다, 호르몬제를... 이러한 것이 치료 약인가? 스트레스와 잘못된 식생활로 인한 독소 물질들을 제거하고 손상된 세포를 복원시키는 것인지 의심도 없이 처방하고 복용한다. 세상의 약품 중에 세포를 온전히 회복하게 하는 약은 아직 없다.

더러운 성질과 범죄자들은 어떤 음식을 선호하고 어떤 약을 복용하고 있었을까?

인체는 올바른 음식과 호흡으로 만들어지고, 암을 비롯한 모든 치료는 혈액을 맑게 하고 독소 물질을 제거해야 하는데….

성격을 바르게 하려고 많은 노력을 해야 한다.

몸이 건강해지면 성격이 바뀐다. 몸이 바르게 건강하기 위해선 음식이 바르게 섭취되어야 하며 그것이 꾸준해지면 성격이 바뀌어 간다. 급한 성격도 풀(채소)을 주식으로 하면 성격이 풀잎처럼 변하게 된다. 육류도 삶아서 먹으면 유해 성분들을 크게 줄일 수 있다.

반대로 튀긴 음식을 즐기면 폭력적, 화학적으로 변할 수 있다. 밀가루 음식을 즐기면 저혈당증 증세를 겪지 않을 수 없다. 또한 성질이 더러운 것은 몸속에 독소와 노폐물들이 많은 경우도 그러하다. 몸속을 청소하고 음식을 바르게 섭취하면 건강한 육체와 건강한 멘탈을 가질 수 있다.

질병이 있어도 예민해지고 짜증이 많아진다.

가끔 강연할 때 늘 하는 멘트 "성질이 더러운 것은 몸속에 독소와 노폐물들이 많고 간이 나빠 그렇습니다."이렇게 떠들고 다닌다.

내 몸을 내가 잘 관리하지 않으면 각종 성격이나 질병이 발병하고 서서히 한 인간이 무너져 가는 것이다. 그중에 삐뚤어진 심성이 "너 죽고, 나 죽자…." 아주 나쁜 저질 인간이 된다.

음식을 올바르게 섭취하고, 자연과 친하며, 스트레스 관리를 잘하고, 운동을 자주 해야 할 것이다.

몸속의 독소와 노폐물들을 청소해 주고, 마음속의 화마도 잘 다스려야 무병장수를 할 수 있다.

다시 한번 강조하고 싶다.

평소의 음식이 당신의 성격이 된다. 더러운 성질 뒤에는 반드시 나쁜 음식이 있음을 잊지 마시길….

왜 영양제를 챙겨 먹지?

영양제를 왜 챙겨 먹을까?

전에는 그러지 않았는데 기력이 떨어지고, 피곤이 쌓이며, 눈이 피로하고, 아침에 일어나기가 힘들고, 잔병치레를 자주 하고, 치아와 잇몸이 상하고, 피부에 트러블이 생기고, 무릎이 아프고, 눈이 침침해지고, 생리트러블이나 호르몬에도 이상 기류가 있고, 갖가지 좋지 않은 현상들이 어느 날부터 출현하기 때문이다.

위와 같은 황색 경고등으로 건강에 이상 신호를 보내는 것은 무엇 때문일까?

그것은 인체 내에 노폐물과 독소들이 쌓이어 있고 또, 혈액과 림프액이 침습을 당했다는 뜻이다. 혈관 속에 나쁜 물질들이 많아지기 시작했다는 신호이다. 많은 이들이 모르고 있는 사실은 간 내에 노폐물들이 퇴적되어, 젊은 날처럼 영양분을 흡수할 능력과 합성할 능력, 공급할 능력이 떨어졌기 때문임을 모르고 있는 듯하다. 영양이 부족해서가 아니라 영양분이 넘치어 그것들이 몸속에서 흡수 처리되지 않아 변형되어 독소 물질이 되고 혈액 흐름을 방해하고 혈관 벽에 퇴적돼 있음을 암시해 주는 신호이다.

이러한 몸속 상황을 잘못 인지하여 대부분의 사람은 반대로 생각하여 영양소가 부족하여 그러한 줄 착각하는 것이다. 이것이 또한 의학계의 엄청난 착각과 부끄러운 부분(치부)인데도 아직도 의학은 깨우치지 못하고 있다.

비타민C를 비롯하여 종합영양제나 홍삼, 루테인, 공진단, 경옥고, 코큐텐, 오메가 제품, 보약, 동물이 들어간 액기스를 찾게 된다. 나이 많으신 부모님이 기력이 쇠잔한 듯하여 영양제를 사드리는 것이 보편화되었다. 반대로 부모님의 몸속을 청소해 드리고 혈액을 맑게 해드리고자 하는 이들은 보기가 힘들었다.

세포와 혈관, 신경세포와 각종 장기에 독소와 노폐물들이 쌓여 기력이 약해진 것은 모르고 매스컴에서 선전하는 제품이 부모님께 딱 맞는 제품이라고 선물해 드린다.

효도의 선물이 궁극적으로도 나쁜 영향이 될 줄이야! 바르게 알고 행해야 한다. 몸속을 청소하고 혈액과 림프액을 맑게 하는 그러한 것을 선물해야 한다.

나이가 많아지면 간과 신장, 혈관, 폐, 눈, 귀…. 인체의 모든 부위에 나쁜 물질들이 침착돼 있을 것이다. 그러한 것을 제거할 수 있는 그러한 제품이나 약초를 찾아 선물해야 하며 본인들도 마찬가지다.

영양제를 복용하니 전보다 기력이 좋아졌다는 분들이 많다. 그러나 영양제를 복용하면 몸속의 독소와 노폐물들도 중간에서 채 갈 것이며, 그들의 세력도 커지고 확대되고, 결국엔 명(命)을 재촉당하게 될 것이다.

전 세계 100세 전후로 초장수를 하시는 분들에게 그러한 영양제를 복용하였는지 인터뷰를 하게 되면 그런 제품을 구경도 못 해본 분들이 대부분이리라.

영양제와 명약들이 인체가 필요한 적정한 양(量)은 신(神)이나, 의사나, 자기 자신도 모른다. 오직 몸속의 유기체들만이 알 뿐이다.

예를 들어, 비타민C 500mL를 복용했다고 하자 그중에 450mL는 인체가 흡수하고 나머지 50mL는 인체를 유영하다 결국엔 신장을 통하여 몸 밖으로 배출시켜야 한다. 몸에 축적이 되어도 문제, 몸 밖으로 배출할 때 신장에 엄청난 테러를 가하니 그것도 악영향! 인간 수명을 관장하는 텔로미어를 단축할 수 있다고 본다.

생명 유지의 3대 요소는 호흡, 음식, 배설이다.

올바른 식생활, 올바른 호흡, 그리고 건강한 배설…. 이것이 건강을 지키고 무병장수하는 첩경이다.

몸속에 나쁜 물질들이 축적되고 있고 혈액과 림프액이 침습을 받아 컨디션이 떨어지고 바이오리듬이 깨어지고 있는데, 영양제를 복용하고 있는 안타까운 이들이 너무 많다.

몸속을 청소한 후에,

영양제라면 잡곡밥, 채소나 과일, 해조류, 삶은 육류 등을 오래오래 꼭꼭 싶어 드실 것을 권하며 맨발로 걷기와 구르기 운동, 바른 호흡을 자주하여 99세까지 88함을 유지하시길.

백내장과 녹내장 그리고 황반변성

눈에 발병하는 질병 대부분은 눈에 있지 않고, 혈액과 림프액이 탁하고 몸속에 독소와 노폐물들이 많아서 발병한다고 오래전부터 떠들고 있다. 또한, 양약을 장기간 복용하면 백내장이나 녹내장, 황반변성 같은 눈병도 발병할 확률이 높다 본다. 눈에 녹내장이나 백내장, 안구건조증, 눈물샘 박힘, 황반변성 같은 질환이 있는 분들을 살펴보면 대부분 혈압약이나 당뇨약, 그 외에 다른 양약을 오랫동안 복용하고 계셨던 분들이다.

나는 눈병 하면 90%가 간 내에 노폐물들이 많고 혈액과 림프액이 탁해서 그러하다고 주장한다. 그러나 현대의학은 원인이 아직 밝혀진 것이 없으니 나타난 증(症)만 보고 치료에 임하고 있다. 나뭇잎이 왜, 말라지는지 그 원인을 나뭇잎에서만 원인을 찾고자 한다. 뿌리와 줄기는 보지도 않은 채…. 환자도 마찬가지다, 원인과 이유는 덮어두고 무조건 병증을 치료해달라고 아우성친다. 지난날들을 조용히 되짚어 보고 병이 날 수밖에 없었던 원인을 찾지 않은 채…. 눈을 수술한 후, 후회하고 고통을 받는 이들이 많다. 때로는 돌이킬 수 없는 상태로 변한 예도 없지 않다. 노인들에게 흔히 나타나는 백내장과 녹내장…. 그 원인을 깊이 파고들면 결국, 간에 노폐물들이 많고 혈액과 림프액이 탁하기 때문일 것이다. 모든 질병에서도 그러하듯, 녹내장과 황반변성증까지 예방할 수 있다고 본다. 그것의 첫 번째가 몸속의 독소 제거(청소)가 될 것이며, 둘째는 사혈이 될 것이다. 그리고 평소 올바른 식생활과 운동이 될 것을 확신한다. 위와 같이 행한 후에 수술받는다 해도 후유증이 더욱 경감될 것이다.

[나는 전에 눈이 나빴다. 그때 간 수치가 GTP, GOT가 각각 320, 340 정도 되었다. 3~4개월마다 눈의 시력이 떨어지기 시작했고, 안경의 도수가 높아지기 시작했다. 눈이 나빠지고, 허리가 아프고, 간의 기능이 아주 좋지 않아 어쩔 수 없이 서울의 직장 생활을 접고, 첩첩 산골로 낙향해야 했다. 그래도 담배를 끊지 못하고 피웠다. 어머님이 약초를 달여 많이 주셨다. 민간요법이다. 그런데 얼마 지나지 않아 시력이 회복되었다. 안경을 벗었다. 양약을 전혀 복용하지 않았다. 그리고 간 기능도 점점 회복되었다. 어머님이 달여 주신 것은 주로 인진쑥이라는 것이었다.]

백내장

눈의 검은자와 홍채 뒤에는 투명한 안구 조직인 수정체가 존재하여 눈의 주된 굴절기관으로 작용한다. 눈으로 들어온 빛은 수정체를 통과하면서 굴절되어 망막에 상을 맺게 되는데, 백내장은 이러한 수정체가 혼탁해져 빛을 제대로 통과시키지 못하게 되면서 안개가 낀 것처럼 시야가 뿌옇게 보이게 되는 질환을 말한다.

녹내장

녹내장은 안압의 상승으로 인해 시신경이 눌리거나 혈액 공급에 장애가 생겨 시신경의 기능에 이상을 초래하는 질환이다. 시신경은 눈으로 받아들인 빛을 뇌로 전달하여 '보게 하는' 신경이므로 여기에 장애가 생기면 시야 결손이 나타나고, 말기에는 시력을 상실하게 된다.

개방각 녹내장은 전방각이 눌리지 않고 정상적인 형태를 유지한 채 발생하는 녹내장을 말하고, 폐쇄각 녹내장은 갑자기 상승한 후방압력 때문에 홍채가 각막 쪽으로 이동하여 전방각이 눌려 발생하는 녹내장을 말한다. 각막의 후면과 홍채의 전면이 이루는 각을 전방각이라 하며 이것이 눌리면 방수가 배출되는 통로가 막히게 되므로 안압이 빠르게 상승하게 된다.

녹내장의 발병 주요 원인은 안압 상승으로 인한 시신경의 손상이다. 시신경 손상이 진행되는 과정에 대해서는 안압 상승으로 시신경이 눌려 손상된다는 것과 시신경으로의 혈류에 장애가 생겨 시신경의 손상이 진행된다는 두 가지 기전으로 설명하고 있다. 그러나 아직 병을 일으키는 정확한 원인은 밝혀져 있지 않으며, 이에 관한 연구가 지속해서 진행되고 있다.

황반변성

눈의 안쪽 망막의 중심부에 있는 신경조직을 황반이라고 하는데, 시각세포 대부분이 이곳에 모여 있고 물체의 상이 맺히는 곳도 황반의 중심이므로 시력에 대단히 중요한 역할을 담당하고 있다. 여러 가지 원인에 의해 이 황반부에 변성이 일어나 시력장애를 일으키는 질환을 황반변성이라 한다.

원인 : 황반변성을 일으키는 가장 많은 원인으로는 나이 증가(나이 관련 황반변성)를 들 수 있으며, 가족력, 인종, 흡연과 관련이 있다고 알려졌다.

증상 : 황반부는 중심 시력을 담당하는 곳이므로, 이곳에 변성이 생기면 시력 감소, 중심암점, 변시증(사물이 찌그러져 보이는 증상) 등이 나타난다. 비삼출성일 경우 크게 시력에 영향을 주지 않는 때도 있다.

[네이버 지식백과] 백내장, 녹내장, 황반변성 (서울대학교병원 의학 정보, 서울대학교병원)

이러한 눈병이 나타나는 것은 대부분 노인층에서 나타나고 있는데 원인도 없고, 치료법도 없고, 대책이 없다. 수술을 권하고 있으나 수술받은 노인들 대부분은 더 나빠지는 경우가 많다고 한다.

나는 말한다.

백내장, 녹내장, 황반변성, 그 외 다른 눈병들…. 몸속을 청소하고 음식을 바르게 섭취하고 적절한 맨발 운동하면 충분히 예방할 수 있다고 본다.

치료법 또한 같을 수밖에 없으리라.

췌장암

얼마 전에 췌장암 판정받으신 분이 왔었다.

나이는 77세, 2021년 12월 6일에 그런 검진이 나왔다고 한다. 오래전부터 동생 분은 가끔 나에게 오시곤 했다. 그날은 형님 내외를 태워 팔공산에 드라이브 시켜준다며…. 곧바로 오신 것이다.

나는 췌장암이든 어떤 암이든 상관이 없으며, 치사율이 높다지만 암은 다 암일 뿐이며, 충분히 90세까지 잘 살 수 있다고 했다. 그리고 암을 대처하는 방법들을 소상히 이야기했다.

육류며, 생선, 심지어 계란까지도 먹지 말 것을 주문했다. 기력이 떨어지면, 다슬깃국이나 추어탕은 드셔도 된다고 했다. 잡곡밥을 드시며 매일 맨발로 흙 밟는 것을 주문했다. 추울 때는 안 된다. 땅이 너무 차가우면 지기(地氣)가 몸으로 들어오지 않고 찬 기운이 몸으로 전달되면 오히려 해롭다. 날씨가 좋으면 풍욕도 할 것과 채식과 과일을 많이 드실 것을 주문했다. 특히나, 과일 껍질은 먹을 수 있는 것은 절대 먹어야 함을 거듭 강조했다. 일체의 정크 푸드도 죽음이 올 때까지는 먹지 말 것을 주문 했다.

췌장암의 원인은 의학적으로 밝혀진 것이 없다. 다만, 육류의 과다섭취, 흡연, 스트레스, 고칼로리와 고단백질 섭취, 과다한 음주, 등으로 추정할 뿐이다.

췌장암의 초기 증상으로는, 소화 불량이나 신물이 자주 올라온다. 갑자기 체중이 4~5kg 이상 빠진다. 황달 증상이나 가려움증이 나타난다. 등과 허리, 복부 등에 통증이 있다. 밥맛이 없고 식사 후에 통증이 있다.

대변에 이상이 있다. 변비, 구토, 회색 등. 소변이 붉거나 노란색이 짙다.

췌장암이든 폐암이든, 다른 암이든, 포커스는 혈액과 림프액을 맑게 할 수 있어야 한다. 종양학 최고 전문의들의 소견은 한결같이 면역력을 강조한다.

수술, 방사선, 항암약(극약)을 추천하는 의사는 거의 없다. 그들은 수없이 축적된 데이터를 통해 3가지 요법으로는 안 된다는 것을 인정하며, 새로운 방법으로 암에 도전하고 있다. 그러나 국내 많은 의료진은 수술, 방사선치료, 항암제 처방에만 매달린다. 그들은 과연 3대 요법의 위험성을 모르고 있는가, 알고 있는가? 세계적인 종양학 전문의들이 그토록 3가지 요법을 하지 말 것을 권하며 세미나를 통하거나 연구 논문으로도 수없이 전달받고도, 바뀌지 않는다.

그러나 나는, 초기 암이며 수술이 가능할 때는 수술만은 인정하고 싶다. 수술이 끝나고 상처가 잘 아물면 곧바로 퇴원할 것을 추천하고 싶다.

얼마 전에 축구 국가 대표를 지낸 유명 선수가 췌장암으로 죽었다. 죽기 1년 전쯤인가? 암이 발병하여 치료를 잘 받아 완쾌할 거라며 매스컴에 나왔던 것 같다. 그때…. 아~ 저 친구가 또 죽게 되겠구나 생각했다. 다시 말해, 현대 의학적으로 췌장암에 접근하면 안 된다는 사실을 미리 짐작했다.

어떤 의료진들은 이야기한다. 요즈음은 의학이 발달하고 기계가 첨단화되어 조기에 발견하면 완치율이 높다. 방사선도 인체에 해가 미약하다, 약들도 머리가 빠지지 않고 괜찮으며 암 덩어리만 표적 치료한다…. 그런데 암 환자들은 기력을 잃고 죽음으로 쫓겨가는 것이 다반사다.

암이 퍼져 죽음에 이르렀다고 이야기한다. 암 덩어리와 심장이 멈추는 관계는 이야기하지 않았다. 나는 매번 떠든다.

[암 덩어리는 사람의 목숨을 앗아갈 수 없다!]

수술과 방사선, 항암제가 과연 암의 원인을 제거한 것인가? 또한, 혈액과 림프액을 맑게 할 수 있는가? 의사도 환자도 끝까지 파헤쳐야 한다.

암의 원인은 밝히지도, 제거하지도 않고 나타난 암 덩어리만 제거하는 데 혈안이 되어 있다. 그리고 3대 요법은 면역력을 무너뜨리고 인체를 황폐화게 하며 결국, 조혈을 멈추게 하고, 혈액과 림프액을 파괴하여 죽음으로 치닫게 하는 것이다.

멈춰라~ 그대의 부모님과 그대 자신에게 암이 발병하면 수술과 방사선 항암제를 사용할 것인지 답을 하라~

일본의 어떤 저널리스트가 암 환자를 다루는 종양학 의사들에게 자신이 암에 걸리면 수술, 방사선, 항암제를 사용할 것인지? 인터뷰를 했는데, 10명 중 9명이 NO라고 답을 했다고 한다.

김현정이란 의사가 [의사는 수술받지 않는다]란 책을 출판해 있다. 한 번쯤 읽어 보시길, 추천해 본다. 또 다른 분들이 쓴 책, [퍼스트 셀], [암을 고치는 미국 의사들 (Knoc OUT)] [항암제로 살해당한다] 등도 있다.

암 덩어리를 가만히 둔 채 90세 이상까지 건강하게 살 수 있는 의술을 펼쳐야 한다. 그것은 면역학이요 면역력이다. 그것이 또한 혈액과 림프액을 맑게 하는 것과 같은 맥락이다.

나도 많은 암 환자들을 만났다.

그들 중에 대부분이 이미 돌아가셨다. 나의 방법을 듣고 예~예~ 하고는 집으로 가서 자식과 부인, 남편과 친지들의 말을 뿌리칠 수 없고, 혹시나 하는 마음도 있어…? 유명 병원의 유명 의사를 찾아가 수술, 방사선, 항암제 치료법을 이용한 것이다.

[얼마 전에는 84세 노인 분이 림프암이 가슴 쪽에 발병하여 서울의 유명 병원을 왔다 갔다 하는 중에 나와 만나게 되었다. 나는 단연코 나의 소견을 이야기했다. "저의 소견을 물으시니까 그냥 참조하십시오. 나이가 연로하시니, 아무리 착한 암이라고 해도 절대 방사선치료를 받아선 안 됩니다. 면역력을 강화할 것을 권합니다."

얼마의 시간이 흘러 그 노인 분은 병원 치료를 거부했다. 병원 치료받거나 항암제를 전혀 사용하지 않았다. 꼭~ 나의 방법만 행하신

것은 아니다. 그것이 2021년 3월쯤 되었을 것이다. 그 노인은 지금 더 건강하게 잘 사시고 계신다.]

의학과 의술은 혈액과 림프액을 맑게 하고 몸속의 독소와 노폐물들을 제거하는데 포커스를 맞추어야 한다. 그것이 코로나든, 당뇨병이든, 고혈압, 심장병, 루게릭, 파킨슨, 루프스, 다발성 경화증, 강직성 척추염, 그 어떤 질병일지라도….

인체에 면역력을 회복하고 강하게 하려면 어떻게야 할까? 또한 암이나 질병에 걸리지 않는 예방법은 어떻게 해야 할까?

첫째는 몸속을 청소하는 것이다. 다음은 정크 푸드를 끊고 올바른 식생활에 있다. 다음은 운동에 있다. 걷고 또 걸으며, 날이 따뜻하면 맨발로도 많이 걸을 것을 추천하고, 죽음이 오기 전까지는 자주 걸어야 한다. 그리고 하체 운동도 많이 해야 한다. 다음은 올바른 사혈도 크게 도움이 된다.

새로운 혈액과 호르몬, 림프액이 만들어질 수 있는 환경을 만들어 주는 사혈법이 필요하다 본다.

다음은 호흡이다.

암은 산소 부족이다. 이것이 나의 주지적 지론이요. 외침이다.

산소의 흡입이 줄어들고, 암 환자는 적혈구가 거의 파괴되고 핏떡지가 잘 형성되어 산소의 흡입과 공급이 원활치 않기 때문에 죽음으로 쫓겨가는 것이다.

하루에 3회 이상, 1회당 30분 정도 복식 호흡할 것을 추천한다. 암 치료에 가장 중요한 부분이 아닐까?

다음은 잠을 잘 자야 한다. 맑은 공기가 있는 곳에 혼자서 따뜻하게 자야 한다.

인체는 잠잘 때 바이러스를 섬멸하고 독소와 노폐물을 정화시키며 복원과 기력을 충전한다.

암을 궁극적으로 치료하는 백혈구와 메크로파지도 잠잘 때 그 임무를 수행하는 것이다. 옆에 누군가가 있으면 은연중에 환자의 마음이 굳세지 못하고 의지하려 한다. 암과 질병 치료는 결국, 자신과의 싸움일 뿐이다. 그 처절한 싸움에 진정 도움이 되는 인연을 만나야 한다.

암 덩어리와 친구하며 90세까지 건강한 삶을 살 수 있는 길은 어렵지 않고 멀리에 있지도 않다.

췌장암과 폐암을 비롯하여 어떠한 암이나 질병일지라도 미리 예방하는 방법도 치료법과 동일선상에 있는데 그 메뉴얼을 모르고 있는 듯하다.

나의 조그만한 앎이 누군가에게 도움이 될 수 있기를...!!!

암 발병 전조 증상

꼭~ 암이 발병하기 전의 증상은 아니지만, 일반 질병이나 면역력이 떨어져도 이러한 증상들이 나타날 수 있으니 참조해 보시기 바랍니다.

1) 피로가 쌓이며, 만사가 귀찮다. 만성 피로 호소.

2) 짜증이 잦고 성질이 예민해졌다.

3) 시력이 급격히 저하되고 눈의 피로가 심하다.

4) 갑자기 체중이 5kg 이상 빠지며 밥맛이 없다.

5) 몸에 멍이 자주 들거나 출혈이 잦다.

6) 감기나 기침이 오래간다.

7) 목, 임파선, 다른 곳에 혹이 만져진다.

8) 자주 체하고 소화 불량이 잦으며 신물도 자주 올라온다.

9) 근육통, 신경통 등의 증상이 잦고, 젖산 분비가 많다.

10) 몸에서 좋지 않은 냄새가 나는 듯하다.

11) 스테미너와 집중력이 떨어진다.

12) 탈모 현상이나 모발이 가늘어진다.

13) 밀가루 음식, 가공식품, 단 것이 많이 당긴다.

14) 배변 습관의 변화가 심하다.

아스피린의 배신

아스피린은 아세틸살리실산을 주성분으로 하는 소염진통제로 오래전부터 버드나무 껍질에서 추출하여 사용해왔다. 그러나 자연 물질은 특허 대상이 아니므로 분자 구조가 비슷한 물질을 화학적으로 생산한다. 1874년 독일 화학자 헤르만 콜베가 살리실산을 합성해내는데 성공하면서 현재는 석유에서 추출하는 벤젠이나 페놀에 이산화탄소를 결합시켜 살리실산을 합성해내고 이를 화학 처리하여 아세틸로 바꿔 아스피린이란 이름으로 대량 생산한다. 그리고 복용했을 때 물에 잘 녹게 하려고 이탄산나트륨을 첨가한다. 영국의 존 베인은 아스피린이 체내에서 면역 체계를 향상시키는 프로스타글라딘의 합성을 방해한다는 원리를 밝혀내 1982년에 노벨의학상을 수상한다.

자연에서 추출하는 아스피린은 위궤양 등 부작용을 일으키지 않는 훌륭한 약이지만 제약회사에서 대량 생산하는 아스피린은 합성 화학물질이어서 심각한 위궤양, 유산, 신장 질환, 뇌졸중, 간질환, 라이증후군, 알레르기 증상뿐만 아니라 중독증 등을 유발시킨다.

그리고 출혈이 멈추지 않아 응급실에서 수술하지 못하는 경우도 많이 발생한다. 주류 의사들은 아스피린을 입속에 넣고 서서히 녹여 먹으면 위궤양을 일으키지 않는다고 하지만 그것은 과학적으로 전혀 근거 없는 말이다. 씹어 먹으나 녹여 먹으나 흡수되는 물질은 같기 때문이다.

전 세계적으로 아스피린은 연간 9조 원이 넘게 팔리는데 그중 미국에서만 8조 원가량이 팔릴 정도로 미국은 약 중독 국가다. 이 때문에 미국에서만 매년 7,600명이 아스피린 부작용으로 죽어간다.

출처 : 책 「병원에 가지 말아야 81가지 이유」 中에서

이혼의 진짜 이유

이혼한 이들의 이유를 찾아보면 1순위가 [성격 차이]라고 한다.

다음은 배우자의 외도, 폭력, 게임과 오락, 과도한 취미생활, 무능력, 과도한 음주, 고부간의 갈등…. 이유가 너무 많다.

그러나 이러한 수많은 이유를 모으고 압축하면 하나로 귀결이 된다. 그것이 무엇인가? 그것을 밝히기 전에, 왜 성격이 맞지 않을까에 대해서 살펴볼 필요가 있다.

남남이든 형제든, 심지어 부모님까지 성격이 맞지 않는 경우가 더 많다. 모든 인체의 형질이나 멘탈이 다르기 때문이다. 먼저 남편이나 아내는 다름을 인정해야 한다. 결혼이라는 보트를 타고 서로 잘 맞추어 노를 저어 삶을 항해해야 한다. 네가 노를 잘못 저어 배가 바르게 안 간다고 서로 탓하고 있으면 배는 산으로 갈 것이다. 누구 하나가 태만을 하면 한 사람은 굉장히 힘들어지고 파트너를 바꾸고 싶어진다.

다르지만, 소통이 잘 되면 서로 코드가 맞고 트러블이 없다. 트러블이 있다는 것은 소통이 되지 않기 때문이다. 소통되지 않는 것은 생각과 추구하고 원하는 것이 다르기 때문이다. 추구하고 원하고 베푸는 것이 서로가 같아야 궁합이 맞다.

세상에 잘 맞는 부부가 있을까?

드물다. 너무 잘 맞으면 신들이 질투하여 때로는 한 사람을 먼저 하늘나라로 불러들이는 예도 없지 않다.

이혼 이유의 1순위 성격 차이…. 성격은 어떻게 형성이 될 것인가? 그것은 부모님의 유전 영향이 크다 본다. 그리고 가정환경을 비롯하여 성장하면서 몸담은 학교생활 및 여러 단체와 친구들에 의해서도 약간의 영향을 받게 된다. 그러나 필자가 보기엔 성격은 음식이 좌우한다는 것이 나의 지론이요. 외침이다.

다시 말해, 이혼의 궁극적인 원인은 잘못된 식생활에서 출발한다는 것이 나의 외침이다. 인체는 호흡과 음식, 이 두 가지로 만들어지고 유지해 간다. 눈과 귀는 기쁨과 슬픔을 인식하여 스트레스와 밀접한 관계가 있다.

성격이 맞지 않아 이혼에 이른 부부가 있다고 하자. 그들에게 육식과 밀가루 음식을 금지하게 하고, 채소와 과일, 잡곡밥과 같은 음식을 먹게 한다면 4개월 뒤 그들은 이혼을 보류하게 될 것이다. 더 지나면 이혼은 없던 일이 된다. 밀가루 음식과 육식을 빼고 식사하면 성격이 온순해질 수밖에 없다. 물론 4개월이 더 지나야 온순해지는 사람들도 많을 것이다. 단지 약간의 시간이 차이 날 뿐이지만, 두 사람은 성격이 좋아지게 되고 트러블의 거품이 서서히 녹아 없어진다.

전에 그러지 않았는데 성질이 날카로워진 것은 나쁜 음식을 먹었기 때문에 몸속에 나쁜 독소와 노폐물들이 쌓였기 때문이다. 몸속을 청소하게 하고 올바른 음식을 먹으면 점차 괜찮은 사람으로 변한다. 이러한 간단하고 소중한 원인을 모른 채 많은 이들이 이혼하고, 또 삶을 바르게 항해하지 못하고 괴로워 한다.

외도…. 외도하는 사람도 호르몬이 과다하게 분비되고 자신의 컨트롤 능력이 떨어진 사람들이다. 풀과 밥만 먹고 있으면 바람을 피울 호르몬이 잘 생성되지 않고 정신이나 영혼이 맑아져 아주 도덕적인 사람으로 변할 것이다.

도박…. 마찬가지다. 채소와 과일, 밥만 먹게 하면 조금 지나 싫증을 내고 바른 생활과 자기 계발과 가정에 충실하게 될 것이다.

고부간의 갈등…. 시어머니와 며느리 두 분 다, 풀만 먹게 하면 갈등은 곧 사그라들 것이다.

과도한 취미생활…. 마찬가지다.

이혼하는 이유들이 많다. 그러나 대부분의 원인은 나쁜 음식에서 시작한다는 것을 누가 가르쳐 주지 않았고 몰랐기 때문이다.

절대로 정크 푸드를 먹지 마시라. 그것이 자기를 망치고, 가정을 망치고, 사회를 망치고, 나라를 망칠 수 있는 망조의 길로 접어드는 길임을 우리는 깨우쳐야 한다.

체머리와 수전증

　몇 년 전에 대전 대덕단지 내의 어떤 연구소에 근무하는 38세의 유능한 박사가 왔었다.

　손과 턱을 약간 떨고 있었다. 나는 물었다. "평소에 무엇을 즐겨 먹었습니까?"

　그 박사는 "저는 대부분 튀긴 음식을 즐겨 먹습니다." 그렇게 대답했다.

　나는 그러한 답변이 나올 줄 미리 짐작했고, 그럴 것 같기에 물은 것이다. 의사 친구들이 여럿 있다고 자랑도 했다. 그러나 현대 의학으론 치료가 불가능하다.

　나는 수전증을 호전시킬 가능성이 80%가 넘는다. 물론 그 박사도 나의 말을 잘 실천해 준다면 지금쯤 완전히 벗어나 있으리라.

　[떨림은 진동 운동이기 때문에 특징적인 진동수가 존재한다. 대개 소뇌의 질환 등에서 나타나는 의도 떨림(intention tremor)은 낮은 진동수를 가지고, 본태(원인을 모르는) 떨림(수전증)이나 기립(서 있을 때) 떨림은 높은 진동수를 가진다. 손이나 팔 등의 긴장이

제거된 안정 상태에서 떨림 운동이 심해지는 안정 떨림의 경우에는 파킨슨 증후군에 속하는 질병들을 의심할 수 있다. 안정 떨림은 매우 심한 경우를 제외하고는 대부분 미세 운동에 영향을 미치지 않기 때문에 떨림을 유발하는 다른 질환과 구분한다. 기타 비전형파킨슨병, 심한 본태 떨림, 윌슨병, 약물유발떨림 등에서도 안정 떨림이 나타날 수 있다.

활동-자세 떨림은 해당 부위의 근육을 사용하는 자세(팔을 든 채로 손바닥을 위로 한 자세 등)에서 잘 유발된다. 이 떨림은 감정적 흥분이나 불안 등이 동반될 때 더 두드러진다. 생리적인 떨림(특별한 병이 없는 상태), 독성-대사성 질환, 약물에 의한 떨림 등에서 나타날 수 있다. 의도 떨림은 소뇌나 인접 연결 구조물의 질환으로 인해 나타난다. 활동할 때, 특히 지시된 운동의 마지막 부위에서 심한 떨린 증상이 나타날 수 있다. 대부분 낮은 진동수를 가지고 머리나 팔에서 잘 나타난다.

본태 떨림(essential tremor:수전증)은 가장 흔한 떨림 중 하나이며 가족 구성원 내에 동일한 증상을 가지는 경우가 많다. 상염색체 우성으로 유전된다. 하지만 가족력이 없는 산발성 본태 떨림도 흔히 발견된다. 본태 떨림은 대개 35세 이상에서 잘 발생한다. 떨림. 자체는 나이가 들면서 점차 심해지지만 떨림이 다른 질병을 일으키거나 심각한 다른 질환의 증상으로 나타나지는 않는다. 대개 오른쪽과 왼쪽 모두에서 떨림이 발생하지만 처음 시작 단계에서는 주로 사용하는 손(대부분의 경우 오른손)에서만 나타나기도 한다. 떨림

은 대부분 팔 부위에서 발생하며 이후 머리, 목, 턱, 혀, 목소리 등에서도 떨림이 나타날 수 있다.]

[네이버 지식백과] 수전증 [essential tremor] (서울대학교병원 의학정보, 서울대학교병원)

위에서 설명한 것처럼 수전증이나 체머리, 턱 떨림 등은 아직까지 정확한 원인이 밝혀진 것이 없다. 그러기에 치료약도 개발된 것이 없다. 그런데도 사용되는 약들이 있는데 이것은 신경안정제나 호르몬과신경 차단제... 정도이다. 그러나 이러한 화학적인 약들은 증상을 봉합할 수 있을지 모르나 반드시 인체에 악영향을 주며 다른 질병을 불러들이거나, 생명의 단축에 기여할 것이라 본다.

나도 수전증이나 파킨슨병, 체머리, 턱 떨림의 환자들을 만났다. 그런데 현대 의학적으로 치료가 안 된다는 질병들을 거의 해결한 것 같다.

체머리, 수전증, 턱 떨림 등의 파킨슨 증후군도 혈액이 탁하고 림프액이 탁하여 발병한다고 본다. 더 구체적인 원인은 잘못된 식생활과 스트레스, 운동 부족이라 본다.

파킨슨병을 앓고 있는 사람들은 2~3명 정도 만난 듯한데, 한 번 만나곤 연락이 되질 않았으니 실패한 것이라 본다. 그러나 82세 할머니의 20년 된 파킨슨병을 곧바로 완쾌되는 놀라움을 경험하기도 했다.

그러기에 파킨슨 증후군의 질병들도 나는 가능하다고 본다. 채머리, 수전증, 턱 떨림 등도 포괄적으로 보면 파킨슨증후군에 속한다고 보며 뇌의 신경조직이나 뉴런에 문제가 발생한 것이라 본다.

현대 의학은 소뇌에 문제가 있다고 접근하지만, 나는 혈액과 림프액이 잘못되고 그것이 소뇌나 뇌혈관에 침범했다고 본다.

먼저 코안을 터치를 해야 한다. 놀라움은 여기에 있다. 다음은 몸속을 청소하고 올바른 식생활과 맨발로 걸어 볼 것을 적극적으로 추천한다.

그래도 호전되지 않으면 나의 요법을 사용해 볼 것을 권한다.

맥압과 혈소판

맥압

혈압을 측정한 후 수축기 혈압에서 이완기 혈압을 뺀 수치가 맥압이다. 맥압의 차이가 많을수록 혈관이 딱딱한 것이다. 맥압은 보통 40-50mmHg인데, 50대 이후 맥압이 70-90mmHg 이상이면 심.뇌혈관질환 위험이 크다.

맥압이 50-60mmHg 이상이면 검사를 받을 필요가 있다.

혈소판

혈소판 수치는 간 기능 검사에 포함되어 있지 않다. 그러나 안목이 높은 간 전문의는 혈소판의 변화를 매우 중요하게 생각한다. SGOT, SGPT와 감마 GTP의 검사가 언제나 정상을 보여도 혈소판 수치가 감소한다면, 이는 간 질환의 진행을 의미하는 경우가 많다. 간 섬유화가 진행되면 비장이 커지게 되고 그 결과로 혈소판이 조금씩 줄어들게 되어 혈소판 수치가 10만 이하로 떨어지면 간경화로 진행되었을 확률이 매우 높아진다. 정상인의 경우 혈액 1㎣ 속에 약

30-50만 개가 포함되어 있으며 방사선에 노출되었을 때, 가장 먼저 감소하므로 방사선 장해 지표로 쓰이기도 한다.

혈소판이 부족하면 점상출혈이 나타나게 되며 멍이 잘 들고, 코피가 잘 나게 된다.

혈액의 응고와 지혈 작용에 중요한 역할을 한다.

운동선수들에게

운동을 잘하기 위해선 먼저 몸의 컨디션이 좋아야 한다. 그날의 컨디션이나 평소에 항상 잘 준비된 컨디션을 유지해야만 좋은 성적, 좋은 기록을 낼 수 있다.

그러기 위해선 특별한 영양식이 있어 프로그램대로 영양을 섭취하겠지만, 내가 여기서 하고 싶은 것은 반대로 몸속의 독소와 노폐물들을 제거하는 것도 잘 활용하면 더 좋은 기록, 성적, 세계적인 두각을 나타내는 선수들이 즐비해질 수 있다고 본다.

기록의 단축과 자기와 팀의 성적을 향상하기 위하여 선수들은 밤과 낮으로 열심히 운동하여야 좋은 성적을 낼 수 있는 중압감에 시달린다. 이것은 좋은 성적을 내는 것과 비례하여 선수의 생명 또한 단축하게 할 수 있는 양면성이 숨어 있다.

체계적으로 음식과 영양분을 섭취하고 운동하여 피치를 향상하려 노력하지만 그만큼 에너지가 필요하며 그로 인하여, 인체에 젖산이나 활성산소나 노폐물들이 많이 쌓이게 된다. 체계적인 영양 공급의 프로그램은 있으나 몸속을 청소하여 베스트 컨디션을 만들

방법을 모르고 있는 듯하다.

몸속 청소를 일주일 전이나 2주 전에 실시하고 게임이나 시합에 나가면 훨훨 날 수 있다. 가령 비슷한 1~2분대의 마라톤 선수가 있다면 몸속을 청소한 후에 출전하면 1~2분 정도는 충분히 앞당길 수 있다 본다. 1~2분은 엄청난 차이요, 기록이다.

야구나 축구, 배구 등의 구기 종목이나 육상이나 유도나 레슬링…. 모든 스포츠 종목의 선수들이 시합 1~2주 전에 반드시 장, 간을 청소할 것을 권한다.

몇 년 전 베이징 올림픽에 우리나라의 국민 마라토너, 이봉주 선수가 국민의 커다란 기대감 속에 출전하였다. 아시아 게임과 보스턴마라톤 같은 대회에서 좋은 성적을 내었지만, 유독 올림픽에서만큼은 우승한 적이 없어 스스로 엄청난 노력을 기울였지만 역부족이었다. 그때 내가 가장 안타까운 것은 그 선수에게 장과 간을 청소케 하고 출전했다면 우승하지 않았을까 하는 생각을 떨칠 수가 없었다. 우승한 아프리카 선수와 이봉주 선수와의 차이는 종이 한 장 차이다. 그런데 장과 간을 디톡스하고 출전하면 반드시 더 좋은 기록이 나옴은 숨길 수가 없는 진실이다.

실질적으로 일반인들이 가끔 장과 간을 클리닝을 하고 나면 다들 산행하면 전에는 후미에 뒤처지던 사람들이 선두에서 걷게 된다. 또 운동장을 뛰어 보아도 확실히 전과 다르게 피로나 지치는 정도가 다르다. 그 이유는 무엇인가? 몸 안에 독소와 노폐물들을 제거하니 혈액순환이 잘 되고 혈액순환이 잘 된다고 함은 코로 숨 쉰 산소가 신체의 말단 부위까지 잘 전달이 되기 때문에 피로가 덜 쌓이며 폐와 심장, 간 등등의 신체 전반에 걸친 바이오리듬이 좋아졌다는 뜻이기 때문이다.

이봉주 선수도 그러하지만, 수영의 박태환 선수도 다음 올림픽에 출전할 때는 꼭 장과 간을 클리닝 시키고 출전하여 좋은 기록을 내고 세계를 제패하여 국민에게 기쁨을 또 안겨 주었으면 좋겠다.

[얼마 전 20세 이하 월드컵이 터키에서 열렸다.

이라크와 4강을 두고 시합이 벌어졌는데, 연장전을 전, 후반 치르고도 3:3으로 비겼고 승부차기에서 우리가 3:5로 아쉽게 분패했다. 축구도 엄청난 체력을 소모해야 하는 운동 중의 하나이다. 전, 후반을 열심히 뛰고 난 뒤 연장전에 들면, 선수들이 다리에 쥐가 나 나고 경련이 일어나고 체력이 바닥을 드러낸다. 그럴 때 트레이너나 동료 선수들이 지친 선수들의 다리를 들어 올려 근육을 풀어주는 갖가지 방법들을 시행해 주는데, 문득 그때 느낀 것이 발가락에 사혈하면 근육의 경련을 풀어주고 바닥난 체력의 회복에 크게 도움이 되리라 생각이 들었다. 사혈하면 강렬한 운동에서 생성되는 몸속의 피로물질과 독가스(활성산소)를 어느 정도 쉽게 줄여 줄 수 있으니, 연장전에 나서면 힘차게 뛰게 되면 거의 90% 이상 이길 확률이 있다고 본다. 연장전같이 체력이 바닥 난 상태에서 사혈을 받고 나선 선수와 근육을 마사지한 선수와 뛰는 차이가 고등학생과 초등학생이 축구 시합을 하는 것만큼 차이가 날 수 있다.]

운동선수에 대한 다른 이야기들을 살펴보자.

몇 해 전 한 기관에서 각 분야 종사자별 수명통계(남자)를 내었는데 종교계 종사자가 70대 후반, 인문계 종사자가 70대 중반, 이공계 종사자가 70대 초반, 그리고 스포츠계 종사자는 60~70대 초반이었습니다. 그것은 다름 아닌 인간의 평균 수명을 직업적으로 분류해 놓은 것이 있는데, 운동선수들도 참고삼아 볼 수 있길 기대한다.

인간의 평균 수명을 직업적으로 분류해 놓은 것이다.

즉, 인간의 평균 수명이 가장 긴 직업인이 종교인이라고 한다. 그리고 아이러니하게도 운동선수 및 스포츠계 종사자들은 평균 수명이 60~70세 초반으로 다른 직업인들보다 짧다는 것이다.

왜, 그럴까? 어떤 이들은 평생 써야 할 에너지를 너무 일찍 한꺼번에 써버리기 때문이라고 말하는 이들도 있고, 스트레스를 일찍 많이 받기 때문이라는 경우도 있으며 그 외에 다른 이유도 많지만, 스포츠계 종사자들이 일반인들보다 생명이 짧다는 것은 지금까지 통계적으로 사실임을 부정하지 못한다.

신체적 작용 외에도 스포츠맨들은 언제나 경쟁자들과 경쟁해야 하므로 스트레스를 많이 받기도 합니다. 우리가 어릴 적부터 귀 따갑게 들었던 어른들이 운동선수가 되어 성공하는 것보다는 공부해서 성공하는 것이 쉽다, 하는 말도 그런 이유라고 할 수 있겠지요.

우선 개인종목 선수들은 랭킹에 신경을 써야 할 테고, 단체종목에서는 주전 경쟁, 나아가서 연봉을 더 받기 위한 활약을 해야 한다는 중압감이 엄청납니다. 이러한 고난을 뛰어넘은 위대한 선수들을 볼 때마다 저는 그래서 존경심을 넘어 경외감이 생기기도 합니다.

신체적 고통을 이겨내고 자기 신체를 극한까지 끌어올려야 하는 동시에 언제나 경쟁자들에서 벗어날 수 없는 스포츠인… 이런 것에 비록 수명이 다른 직종 종사자들보다 조금 짧다는 게 무슨 상관일 까요?

자신의 한계에 대한 도전!

이것이 사람들이 스포츠맨을 꿈꾸고 동경하는 이유라

인터넷 검색창에서

스포츠종사자들의 생명이 다른 직업인들보다 짧은 것이 사실인 지 모른다. 그리고 현역 선수로 있을 때도 좋은 기록이나 좋은 실력을 보여야 연봉이며 사회적으로 주목받게 된다.

나는 주장한다.

장, 간, 신장 등을 디톡스 한 뒤에 시합에 임하면 분명히 좋은 성적, 좋은 실력이 나옴은 물론이며 차후에 현역을 은퇴한다고 하더라도 정기적으로 디톡스를 한다면 스포츠종사자들의 평균 수명이 짧다는 그 연구 결과도 바꿀 수 있다고 확신한다.

선수들이여!

인체를 청소하라!

기력이 떨어질 때

기력이 떨어진 원인은 무엇인가?

나이가 많아진 탓인가? 일을 너무 무리하게 많이 한 탓인가? 스트레스가 많아진 탓인가? 세 가지 원인이 다 맞는다고 본다.

영양소가 부족해진 탓인가 생각하면 틀린 답이다.

나이가 많아지면 혈관 벽과 혈액과 림프액이 건강치 않기 때문이다. 혈관 벽과 혈액과 림프액이 왜 침습을 당해 건강치 아니한가? 그것은 몸속의 독소와 노폐물들이 퇴적돼 있기 때문이다. 기계를 오래 사용하다 보면 자연적인 현상이다. 이것은 평소에 몸속을 청소해 주지 않았고 육류나 영양가가 높은 탁한 음식을 많이 먹었기 때문이다. 육류를 먹을 땐 될 수 있으면 삶은 것으로 먹어야 하는데 구워서 먹었기 때문이고, 저녁에 육류를 먹었기 때문이고, 영양의 과다 섭취로 도리어 해가 되었기 때문이다.

자식들이 주말이나 집안에 경조사가 있거나, 부모님들의 기력이 쇠잔해졌다고 느껴지면 영양제를 선물하거나 저녁에 소고기나 돼지고기, 오리고기 등으로 함께 파티한다. 그것이 치명타라고 본다.

먹은 다음 날 기력이 좋아질지 모르지만, 장기적으로 봤을 때 오히려 독이 되고 건강을 악화하게 하며, 명을 단축하게 할 수 있다고, 나는 주장한다.

또한, 일을 무리하게 많이 하면 몸속에 활성산소나 젖산, 이산화탄소 같은 불순물들이 많이 발생하고 담낭과 신장에도 많은 노폐물이 발생한다. 이러한 것들을 잘 제거해 주어야 하는데, 바쁘고 그러한 메뉴얼을 잘 몰라 그냥 살았기에 독소 물질과 노폐물들이 혈액과 림프액을 침습한 것이다.

스트레스도 마찬가지다. 암의 원인은 거의 스트레스다. 다음은 잘못된 식생활이다. 다음은 환경 및 기타…. 스트레스가 심해지면 몸속에 아드레날린 호르몬 외에도 많은 독소 물질들이 발생한다. 이것을 제거하지 않으면 몸은 쇠잔해질 수밖에 없다.

이럴 때 사람들은 영양가가 높은 공진단, 산삼, 종합영양제, 경옥고, 오메가, 루테인, 글루코사민 비타민C 등을 찾고 육류를 많이 섭취하고자 한다.

반대로 하여라~ 몸속의 독소와 노폐물들을 빼내고, 청소하고, 그런 후에 진정으로 몸에 이로운 음식과 영양분들을 먹어야 인체가 새로워지고, 흥겨워지리라!

나는 17전 대보탕을 만들어 판매한다.

공진단이나 경옥고, 천삼, 코큐텐, 홍삼, 크릴새우, 오메가 등 제품보다 더 낮지 않을까 생각해 본다.

공진단의 재료는 사향이 주재료고 다음은 녹용, 인삼, 당귀, 산수유, 꿀 등등이며, 경옥고는 인삼, 봉령, 생지황 봉밀 등이다. 이러한 제품을 복용하면 기력이 갑자기 회복된 듯하다. 그래서 하루에 한 번씩 공진단이나 경옥고를 복용하는 사람들이 많다. 그렇지만 그러한 제품들은 먹을 때 그런 효과가 나오지만, 중단하면 싸늘해진다. 그리고 화학적인 재료를 사용한 각종 영양제와 비타민C 라도 순간의 활력에 도움이 될 수 있을지언정, 득보다는 실이 더 많다고 보기에 권하고 싶지 않다.

100세 전후의 초장수자들은 각종 영양제에 취하지 않았을 것이다.

나는 본방에다 내가 사용해 본 약초들을 더 첨가해서 만들었다. 서서히 기운이 회복되고 세포나 뼛속까지 침투하여 몸의 전반적인 기초를 다지면서 체력과 기력을 끌어올릴 수 있게 했다. 그것이 17전 대보탕이다.

본방 10전 대보탕에 내가 경험한 약재 7가지를 더 추가하여 명품으로 만들었다.

보약이다. 여기에는 동물성 재료가 전혀 없다. 그러면서 모든 재료가 하모니를 이루어 기력을 돋우고 건강한 삶, 건강한 청춘, 건강한 노년을 준비하는데 꼭~ 필요한 제품이 되지 않을까 생각해 본다.

뇌졸중(중풍)에 대하여

뇌졸중이란 뇌가 계속 졸(卒)하고 있는 상태(中)란 뜻이다.

30세가 넘은 일반인들도 하루에 뇌세포가 0.001% 정도씩 줄어든다고 한다. 나이 70대가 되면 거의 모든 사람의 뇌가 15% 정도 줄어 있다고 한다. 그러나 뇌졸중을 앓고 있는 환자들은 그보다 훨씬 빠른 속도로 뇌가 계속 줄어들고 있다고 [뇌졸증]이라 하지 않고 [뇌졸중]이라고 하는 것이다.

현대 의학적으로 뇌출혈과 뇌경색을 따로 구분하는 것이 현실에 맞는 표현이다.

혈관이 막히는 뇌경색과 혈관이 터지는 뇌출혈…. 뇌졸중의 원인은 혈관 벽과 혈액과 림프액이 탁하기 때문이다. 즉, 혈전(어혈)과 혈관의 협착에 있다. 그러면 어혈은 왜? 생성되며 혈관은 왜 협착되는지 그 원인을 살펴보자

뇌졸중과 심근경색의 원인은 같다. 그것은 혈관 벽에 불순물들이 쌓이고 혈전이 많아진 상태인데 이유는 운동 부족, 잘못된 식생활, 스트레스 때문이다.

혈전이나 콜레스테롤, 고지혈증 높은 상태에서 일을 무리하거나 스트레스가 심하여지면 발병하는 것이 대부분이다. 혈액이 깨어져서로 연전을 일으키는 상태를 어혈(혈전)이라 부른다. 사실 노화된 혈액은 신장이나 비장, 간에서 잘 정화되어야 하지만, 양이 많거나 커지면 신장으로 흘러들지 못하고 몸속을 유영하게 된다. 이것이 심근경색, 뇌졸중 및 암을 비롯하여 모든 질병의 원인이다.

뇌졸중을 예방하는 가장 좋은 방법은 저녁에는 절대 육식하지 않는 것에 있다고 주장한다. 그리고 아침이나 점심때 육식할 때는 반드시 삶은 고기를 드실 것을 권한다. 이리하면 절대 뇌졸중에 걸리지 않는 것은 아닐지 모르지만, 심근경색과 뇌졸중 예방에 많은 도움이 될 것임을 확신한다.

뇌졸중이 발병하여 병원 치료를 받은 후에 가장 필요한 후속 조치는 첫째 몸속을 청소할 것을 권한다. 다음은 사혈이라 본다. 머리, 귀, 코안, 혀 밑, 다리 등에 반드시 사혈을 받아야 한다. 치료와 예방 차원에서도….

옛날에는 "중풍을 똥 병"이라 불렀다. 또한 전에 노인들의 이야기나 시골 동네 노인이 재래식 화장실에 갔다 오시다 넘어져 하루 이틀 지나 돌아가신 분도 있었다. 그때는 병원에 갈 교통이 없었다. 그리고 뇌졸중은 스트레스와도 밀접한 관계가 있고, 무리한 운동이나 일과도 관계가 높은 듯하다.

어떤 전쟁에서 죽은 군인들의 혈관을 검사했는데 동양인들은 늙은 병사들조차 혈관이 깨끗하였고, 미국 군인들의 혈관에는 콜레스테롤이며 나쁜 물질들이 가득했다고 한다. 동양인 병사들은 평소에 육류의 섭취가 낮아 혈관이 깨끗하였고, 미국 군인들은 20대라도 혈관에 나쁜 물질들이 많았다고 한다.

다음은 운동이다.

최근 일간지에 맨발로 걸었더니 중풍이 나았다는 기사를 본 듯하다. 상당히 일리가 있고 효과가 있다고 본다. 뇌졸중을 앓고 있는 이들이 의외로 많은 듯하다.

모두가 맨발로 많이 걸어 뇌졸중 치료에 많은 도움을 얻을 수 있기를 바란다.

나는 뇌졸중을 앓고 있는 사람들에게 늘 질문을 한다. "전에 개고기를 먹었습니까?"

특이하게도 내가 질문한 뇌졸중 환자 중에서 80%가 "네"라고 답을 했었다. 그래서 그 후로는 모두에게 될 수 있으면 개고기를 먹지 말 것을 주문하였다. 그리고 심장병을 앓고 있는 이들에게는 소고기를 많이 먹었습니까? 묻는다. 그러면 약 80%가 장어를 많이 먹었다고 답을 한다. 물론 소고기도 많이 먹었다고 답을 하는 이들이 약 50%가 넘는 듯하다. 뇌졸중…. 혈액이 탁하고 스트레스를 심하게 받아서 발병한다. 스트레스를 받으면 혈관 속에 갑자기 나쁜 독소 물질들이 많아지게 된다. 혈전(어혈, 적혈구의 연전 현상)과 아드레날린 호르몬이 과다 분비되고 과립구가 많아지고, 활성산소와 젖산, 일산화질소 같은 나쁜 물질들이 높게 생성이 되기 때문일 것이다. 혈액이 탁한 것은 평소에 영양을 과잉 섭취했기 때문이다. 그것이 동물성이었기 때문이다. 채식 위주의 식생활을 많이 한 사람들은 뇌졸중이 쉽게 발병하지 않는다. 웬만한 스트레스가 있어도…. 뇌졸중이 발병하지 않도록 예방하려면, 우리는 먹거리를 바르게 해야 한다. 그리고 장, 간, 신장을 정기적으로 청소하는 것도 잊으면 안 된다.

뇌졸중이 발병하고 나면 좀처럼 전처럼 온전한 회복은 어렵다. 그러나 뇌졸중이란 말의 의미가 그러하듯…. 뇌가 계속 빠르게 졸(卒)하게 놔둬서도 안 된다. 이럴 때 현대 의학은 아스피린, 혈전용해제, 혈액순환개선제 등을 쓰지만, 그것이 또한 인체에 다른 나쁜 영양이 되기에 더욱 안타까운 일이다.

뇌졸중이 발병하고 병원 치료를 마친 후, 재활 치료할 때,

나는 말한다.

반드시 장, 간, 신장 등을 청소하고 사혈을 받아 몸속의 독가스를 한 번쯤 배출시켜 줄 것을 권한다. 그리고 음식을 올바르게 섭취하고, 맨발로 많이 걸어 볼 것을 권한다.

나에게 있는 제품도 뇌졸중 환자들에게 추천하고 싶다.

그리하면 어떤 의학이나 의술보다는 그 효과가 좋을 것이다.

강직성 척추염

강직성 척추염도 혈액과 림프액이 나빠져 그러하고 특히나 신장의 기능이 약해져 요산, 크레아틴 등의 나쁜 물질들을 원활히 배출하지 못하여 발병한다고 추측한다.

현대의학은 아직 원인이 밝혀지지 않았고, 치료 약도 개발되지 않았다고 한다. 나는 여러 환자와 접촉해 본 결과 현대의학이 잘못 접근했구나 하고 느꼈다.

음식을 올바르게 섭취하고 장, 간을 디톡스하고 필요하면 사혈도 받게 하면 95% 이상 치료 가능성이 있다 본다. 특히나 맨발로 걷는다면 더욱 빨리 벗어날 수 있다고 떠든다.

신우섭이란 분의 "고치지 못할 병은 없다. 다만 고치지 못하는 습관이 있을 뿐이다." 이 말이 절로 생각이 난다.

먼저 강직성 척추염에 대하여 살펴보자.

강직성 척추염은 희소병의 하나이다. 주로 남성들에게서 발병할 확률이 높으며 척추의 인대가 대나무처럼 뼈로 변하면서 척추뼈들이 붙고 굳어지는 염증성 관절염으로 등과 허리가 뻣뻣해지는 병이라고 한다.

강직성 척추염의 원인은 대부분 질병처럼 정확히 밝혀진 것이 없으며 HLA-B27이라는 물질이 보인다고는 하나, 이도 정확한 원인이 아님이 정상적인 사람에게도 가끔 나타나기 때문에 신뢰성이 떨어진다고 보고 있다. 세균 감염, 외상, 과로, 등의 환경적인 요인이 영향을 준다고도 하나 이것 역시 신뢰성을 갖기엔 부족함이 많다고 본다. 그야말로 원인을 아직 밝히지 못한 질병 중의 하나이다. 원인을 모르니 치료 방법이 없다. 당뇨와 혈압과 같이 불치병이다. 우리나라에도 이러한 질병을 앓고 있는 이들이 더러 있으며 환자의 입을 통하여 약 600명 이상이 되지 않을까 하고 얼핏 들은 적이 있다.

나는 지금껏 이런 강직성 척추염의 환자들을 5명 만났다.

두 명은 호전이 되어 잘 생활하고 있는 것으로 안다. 두 명은 왔다 간 뒤로 연락이 곧바로 되지 않았다.

이 희소 질환도, 혈액을 맑게 하고 몸속에 독소들을 제거하면 치료의 가능성이 크다고 본다.

나는 그들에게 장, 간을 여러 차례 청소케 했다. 그리고 다른 질병들처럼 구운 육류, 튀긴 음식, 우유 및 유제품, 밀가루 음식들을 먹지 못하게 했다. 사혈도 반드시 권했다. 그리고 약으로 약간의 술도 권했다. 그랬더니, 얼마 지나지 않아 많이 호전되고 의학의 한계를 넘어선 모습이었다.

강직성 척추염은 내가 볼 때, 불치병이 아닌 듯하다.

내가 의학의 한계를 넘어선 것이 아니라, 혈액을 맑게 하고 몸속에 독소나 노폐물들을 청소하게 하고 나쁜 음식을 먹지 말 것을 주문한 것이 좋은 결과를 얻을 수 있었다고 본다.

현대의학이 헛다리를 짚고 있다 생각될 뿐이다.

다리가 아픈 이유들

다리가 아픈 이유 중 첫 번째는, 과체중인가, 아닌가, 먼저 살펴야 한다. 상체가 크고 하체가 약하면 반드시 무릎과 다리가 아파진다.

둘째는 디스크를 의심해 봐야 한다.

그런데 디스크의 궁극적 원인은 혈액과 림프액이 탁해졌기 때문이다. 혈액과 림프액에 나쁜 물질들의 침습으로 척추뼈에 영양분 공급에 방해를 입어 물렁뼈가 튀어나온 것이다. 과체중이 되어 혈관이 압박받아도 허리와 다리가 아파진다.

혈관이 눌리거나 혈관 벽에 독소와 노폐물들이 끼여 허리 척추에 영양분을 공급하지 못하고 다리에 내려 갔던 혈액들이 온전히 다시 돌아오지 못하는 경우에 다리와 무릎이 아파진다.

간혹, 하지동, 정맥 경화가 있는 경우도 왕왕 있다. 또, 간과 신장과 폐와 심장의 기능이 떨어지면 다리가 그렇게 무겁고, 저리고, 쥐가 자주 일어난다.

그리고, 또 하나의 중요한 사실은 다리가 아픈 사람 중 대부분은 코안에 비정상적인 혹이 있다는 것이다. 이것은 현대의학이나 한의학이나 세계 속의 다른 의학들도 전혀 모르고 있는 사실이다. 다리가 아픈 사람들의 코안을 들여다보면 95% 이상 그러했다. 원래는 없어야 할 코안에 불룩하게 튀어나와 숨골을 막고 있다. 혹을 없애야 다리와 폐와 심장과 뇌가 맑아질 것이다.

코안의 혹이든, 어떤 이유로든, 다리가 무겁고 아픈 이유는 혈액이 탁한 탓이고 혈액이 탁한 이유는 몸속에 독소와 노폐물들이 많기 때문이다.

건강은 다리에서 시작하고, 다리에서 끝난다고 주장한다.

소화도 다리, 호르몬의 생성도 다리, 무병장수도 다리, 질병의 치료도 다리가 한다. 많이 걷지 않으면 건강이 무너지고, 늙음이 빨리 오고, 죽음도 일찍 찾아온다.

100세를 넘나드는 초 장수하시는 분들이 지구촌에 많다. 그들의 공통점 중의 공통점은 많이 걷는다는 것이다. 죽음은 다리를 타고 온다고 나는 주장한다.

"세르데냐"섬의 100세 노인들에게 만보기(萬步機)를 허리에 차게 했더니, 하루 약 12km 내외로 걷더라는 것이다.

다리가 아파지는 이유는, 혈액 순환이 되지 않아 다리로 내려왔던 혈액들이 다시 몸으로 올라가야 하는데 쉽게 오르지 못하고 정체하기 때문에 다리와 하체가 자꾸 아파지는 것이다. 그리고 앞서 서술하였지만, 콧속에 혹이 만들어져 있으면 산소 유입이 적어지고 다리가 무거워지고 아파진다는 사실도 잊지 마시길, 다리가 아프면 나는 콧구멍을 먼저 살펴보라고 이야기한다.

머리가 아픈 사람, 다리가 아픈 사람, 뒷골이 당기는 사람, 심장이 나쁜 사람, 혈압이 높은 사람, 당뇨가 있는 사람 등 모든 환자는 거의 90% 콧구멍이 협소해져 있다는 놀라운 사실을 알게 되었다.

노인들은 대부분이 콧속에 혹이 있다. 혹이 있어 노인이 된 것인지, 노인이 되어 혹이 생성되었는지 모호하다.

다리가 자주 아프면 신장의 기능이 약하고 혈액이 탁하여 그러하다. 그러나 다리가 자꾸 무겁다는 것은 몸속에 독소나 노폐물들이 많다는 뜻이다. 몸의 어디가 정상적이지 않다고 사인을 보내는 것과 같다.

또, 류머티스성 관절염도 마찬가지다. 신장의 기능이 떨어지고 요산과 크레아틴 등 나쁜 독소와 산소 부족, 혈전(어혈) 때문에 관절염이 발병한다.

어떤 이들은, 자다가 쥐가 나거나 저리다고 호소하는 이들이 더러 있다. 그들은 간과 신장의 기능이 떨어졌기 때문이다.

순간 순간의 치료법으로는 수지침을 구하여, 다리가 무거운 날마다, 발가락 10인지를 찔러 피와 가스를 빼주는 것이 도움이 되는 대처법이다.

다리가 우주를 지탱하고 있음을 아신다면, 다리를 튼튼하게 하는 것이 모든 건강과 치료의 근본이며, 다리가 아픈 이유는 결국엔 혈액과 림프액이 탁하고 몸속에 독소와 노폐물들이 많다는 것이다.

치료법은 먼저 장, 간, 신장을 청소하여 혈액을 잘 정화할 수 있게 한 후, 올바른 음식을 섭취하는 것에 있고 다리의 사혈도 크게 도움이 되며, 그런후 다리와 무릎, 허리, 어깨가 아픈 것을 호전케 할 수 있는 나의 제품도 추천하고 싶다.

다리가 인체를 받치고, 다리가 우주를 지탱해 주고 있다.

나는 죽음은 다리를 타고 온다고 주장한다.

90세는 몰라도 99세를 넘어 100세 강 건너려면 다리가 튼튼해야 한다.

다리가 아픈 이유는 간단하다. 혈액과 림프액이 탁하기 때문이다.

건강하고 똑똑한 아이를 얻기 위하여

건강하고 똑똑한 아이를 얻으려면 먼저 부모 될 사람들이 건강해야 한다.

부모가 똑똑하지 않아도 건강만 하다면 건강하고 똑똑한 아이를 낳을 수 있다 본다. 젊은 부부들은 모두가 건강하다고 생각한다. 건강한 예비 신랑 신부가 건강 검진도 확인하고 결혼하지만 막상 불임 부부들이 많다. 외관상이나 신체적으로 큰 문제가 없지만, 호르몬이 건강치 않은 것이다. 이때 여성의 자궁이 차가운 경우 불임의 원인이 될 확률이 높다. 물론 남성의 정자 수가 모자라거나 운동성이 부족하면 불임이 된다.

결혼하고 아이를 가지고자 할 때, 이왕지사 건강하고 똑똑한 아이를 낳는 것이 바램이다. 건강하고 똑똑한 아이를 가지기 위해서는 먼저 음식을 올바르게 섭취해야만 된다고 본다. 즉, 패스트푸드나 인스턴트 식품 같은 정크 푸드를 멀리해야 할 것이다. 아이를 갖기 1년 전부터…. 부부는 이러한 계획을 세워야 한다. 그리고 컴퓨터, 핸드폰, TV 등 전자파에 노출되는 것은 최소한으로 줄여야 할 것이다.

전자파에 많이 노출되고 게임이나 오락을 즐기면, 유전자가 침습 당하고 호르몬에 교란이 일어난다. 좋은 환경을 준비하고 찾아야 할 것이다.

다음은 몸속 청소를 반드시 2~4회 정도 실시할 것을 권한다.

몸을 청소하면 몸이 맑아지고 기력이 좋아지고 호르몬의 생성이 더욱 원활해진다. 여성의 자궁도 호전되리라 확신한다. 예비 신랑 신부는 몸속 청소가 무엇보다 중요한 것인데, 모르고 결혼하는 부부들이 많은 것 같아 안타깝다.

다음은 산행이다.

물론 헬스클럽에서나 자전거, 골프, 배드민턴, 축구, 야구 등도 있지만 산행해야 맑은 공기와 자연의 기운을 얻을 수 있기에 자주 산행할 것을 권한다.

정크 푸드를 먹고 컴퓨터 게임을 즐기고 있으면 임신이 어렵다. 임신이 되어도 아이가 건강치 않을 수도 있다. 때로는 아이가 태어나도 아토피를 앓게 되는 예도 없지 않다.

나는 말한다.

신혼부부들은 거의 자연 임신이 가능하다고 본다. 약(70~80%)

올바른 식생활과 걷기 운동을 자주 하면 거의 자연 임신이 될 수 있다.

우유 및 유제품, 구운 육류, 밀가루로 된 음식, 튀긴 음식, 커피, 청량음료 등의 음식들을 끊고 올바른 식생활을 하면서 부부가 장,

간을 청소해 볼 것을 권한다. 그리고 여성이 아랫배가 차가우면 다리에 사혈을 받아 볼 것도 권한다.

자연 임신은 병원의 방법보다 쉽고 확률도 높으며 부모와 아이 모두 전보다 더 건강해질 수 있다.

그리고, 남성이 담배를 즐기면, 여자아이가 태어날 확률이 높아진다. (70%)

여성의 성염색체는 XX며 남성의 성염색체는 XY다, 정자 중 Y염색체를 가진 건강한 정자가 자궁에서 난자(xx)를 만나야 XY의 염색체로 결합하여 남자아이가 태어나는데, 담배 때문에 Y 염색체가 활동성이 부족한 경우가 많다.

남자아이가 태어나게 할 확률 높은 방법은 남성은 운동을 많이 하며 육류를 즐겨 먹고, 여성은 반대로 채소와 보리밥, 밀가루 음식 같은 알칼리성 음식을 먹으면 남자아이가 태어날 확률이 높다.

현대의학과 정부 관련 부처들은 자연 임신 방법들을 메뉴얼화해서 홍보하지 않고 있으며, 또 방법을 모르고 있는 듯하다.

건강하고 똑똑한 아이가 태어나서 성장하여 무엇을 하든지 성공인이 될 수 있도록 하는 방법도 있다.

그것도, 올바른 식생활에 있다. 우리가 평소에 먹는 음식이 얼마나 대단한 것인지 새삼 깨우쳐야 한다.

늘 사용하는 나의 멘트, [당신이 먹은 것이 당신을 말 한다.]

[2014년에 여 조카 둘이서 각각 아들을 순산하였다.

큰 누님댁 막내딸은 올해 나이가 34세인가? 그 친구는 결혼하고 줄곧 직장을 다녔다. 그런데 아침을 거의 거르거나 빵을 먹고 다니는 것이 다반사이었다. 그리고 결혼하고 난 뒤에 2~3년이 되어도 임신이 되지 않는다고 큰 누님의 고민이 많았다. 여러 방편을 해 보았지만 별 효험이 없었던 모양이었다. 그래서 우연히 내가 그 조카에게 다리에 사혈해 주었고 보약을 만들어 보냈다. 그리고 아침을 꼭 챙겨 먹고 출근하게 했으며 빵이며 라면, 피자 등 밀가루 음식을 일절 먹지 못하게 했다. 그랬더니 몇 개월이 지나 임신이 되었다고 누님이 아주 좋아하셨다.

그리고 둘째 형님 큰 딸이었는데 올해 나이가 39세쯤 되었나? 그 여조카에게도 다리에 사혈해 주었다. 그리고 보약은 시어머니께서 해 놓으셨다기에 그냥 그걸 복용하게 했다. 그리고 얼마 있지 않아 임신이 되었다고 고마워했다.

두 여조카가 임신하고 아들을 순산하고 무럭무럭 잘 크고 있으니 기쁘며, 곰곰이 생각해 보거나 다른 불임 부부들에게도 나의 방법들이 좋은 결과가 있음에 많은 경험과 공부를 얻고 있다. 다리에 사혈과 음식을 바꿨는 것도 불임에 커다란 영향이 있음을 새삼 느낀다.]

암과 함께 90세 강 건너려면

많은 이들이 암으로 사망하였다. 지금도 암과 사투를 벌이고 있는 분들도 있으리라. 암이 발병하면 대부분 무조건 3대 요법으로 치료에 임한다.

수술, 방사선, 항암제... 앞서 많은 이들이 3대 요법에 따라 치료를 받았고 대부분 돌아가셨다. 미국은 3대 요법은 효과가 없고 오히려 2차 테러를 일으킨다는 것을 인정하며, 암에 다르게 접근하는 추세다. 카터 대통령에 행한 면역력 요법이나 다른 방향으로 암에 접근하고 있는 실태다.

나는 암이 발생하는데는 조건이 있다 본다. 유전 7, 운동 부족 10, 환경 및 기타 13, 잘못된 식생활 30, 스트레스 40(%)라 본다. 다른 분들도 각자의 질병에 공식을 활용해 보시길 권한다.

스트레스가 만병의 근원이요, 암 발병 원인 중 가장 많은 악영향을 차지한 이유는 바로 적혈구를 파괴하고 체내에 독성 물질(아드레날린 호르몬, 코르티솔, 활성산소...)을 심하게 생산하기 때문이다.

그런데 나는 암 치료의 3대 요법을 멀리하고도 암과 친구 하며 90세까지 건강하게 살 수 있다고 생각한다.

우리 몸은 호흡과 음식, 배설, 이 3요소로 만들어지고 유지해 갈 뿐이다. 이 생명 유지의 3대 요소에 암을 비롯하여 모든 질병의 예방과 치료 및 백세 건강의 시작과 끝이 있다 본다. 또한 나는 암 치료의 절대적인 대처법은 호흡에 있다 본다.

나의 이론을 듣고, 읽고 의심에 의심한다. 암과 호흡과 무슨 관계가 있느냐는 것이다. 나는 여기에 암과 친구 하며 90세까지 갈 수 있는 비밀이 있다고 주장한다. 물론 호흡에 전부가 있다고 보지 않지만, 가장 중요한 암 대처법이라 본다.

호흡을 이야기하기 전에 우리는 암 환자들의 사인(死因)은 무엇으로 봐야 할까? 암 덩어리가 어떻게 사람의 심장을 멈추게 한 것인가? 여러분은 암과 죽음에 대한 상관관계를 어떻게 생각하고 계시는지 궁금하다.

호흡을 이야기하면 당연히 산소와 연결되어 진다. 몸속의 산소를 생각하면, 적혈구를 만나게 된다. 하나의 건강한 적혈구에는 4개의 헤모글로빈이 있고 각각에는 3억 개의 산소분자가 있다. 즉, 하나의 적혈구 속에는 약 12억 개의 산소분자가 있어야 한다. 그런데 암 환자들은 건강한 적혈구가 부족하고 부서지고 깨어진 적혈구가 많으며, 적혈구가 있어야 할 자리에 이산화탄소나 일산화탄소, 젖산, 활성산소, 플라크 등의 독소와 노폐물들이 자리 잡고 있는 것이다. [미토콘도리아] 에너지 생산 공장에서 배출되는 이산화탄소와 노폐물들을 제거(적혈구)하지 못하기 때문에 몸속에는 독소와 노폐물들이 많아져 혈액과 림프액의 흐름이 나빠지니 심장이 압박을 받아 죽음으로 쫓겨가는 것이다. 이제 왜? 암 환자에게 가장 중요한 치료법은 호흡에 있다고 주장하는지 이해가 되시리라.

다시 말해, 갈라진 논바닥에 물을 공급해야 논이 건강해진다. 암이 발병하며 괴사하고 있는 세포에 산소를 공급해야 암이 더 이상 진행되지 않고 서서히 회복될 것이다.

이것은 [오토 바르부르크]와 나는 같은 생각이다.

인체는 36.5℃를 잘 유지해야 한다.

어떻게 인체는 이 적정 온도를 계속 잘 유지하고 있는가? 그것은 산소와 음식을 원료로 하여 계속 미토콘도리아라는 작은 공장들이 작동하여 에너지를 생산해 주기 때문이다. 특이한 것은 대부분의 환자들은 체온이 36.5℃가 되지 않고 그것보다 낮다는 것이다. 0.5℃가 낮든지 아니면, 1℃가 낮은 것이다.

반대로 36.5℃를 넘으면 몸속에 뭔가 잘못되어 있다는 것이다. 나쁜 물질들이 침습하여 이것을 퇴치하기 위하여 전쟁이 벌어지고 있는 것이다. 백혈구나 매크로파지, 과립구, 림프구들이 몸을 지키기 위하여 염증과 사투를 벌이고 있는 것이다. 염증과 바이러스, 세균들을 퇴치하면서 발생한 일산화탄소, 이산화탄소, 활성산소, 젖산, 코르티솔 등을 배출하지 못하기 때문에 인체는 무너지기 시작하는 것이다. 감기, 코로나, 호흡기 질환이 발병하면 36.5℃를 넘고 있다. 이것은 나쁜 바이러스들의 습격으로 몸속에서 전쟁이 일어나고 있다는 것을 나타내는 것이다.

암 환자들이나 다른 만성 환자들은 대부분 몸이 차갑다. 이미 많은 세포가 침습 당하고 혈관이나 림프관 등에 나쁜 물질들이 퇴적되어 미토콘도리아 공장이 제대로 작동하지 않는 곳이 더러 있어 온수(혈액)가 제대로 순환되지 않기 때문이다.

암은 산소 부족이다.

이 말을 들을 땐, 천둥치는 듯하였다. 아르키메데스가 고민에 고민을 하다 알게되어 "유레카" 라고 외치던 그 마음이었다. 100년 전 독일인 '오토바르부르크' 와 일본인 '노쿠찌 히데요' 란 분이 이런 연구 결과를 발표했다고 한다.

지금와서 생각해 보니 참으로 대단한 분들이었음을 느낀다. 산소가 부족해지면 세포가 괴사한다. 그것이 암이다. 그런데 그분들의 산소 부족 원인을 규명한 것은 나와 견해가 다르다.

나는 산소 부족 원인을 이렇게 본다. 그것은 적혈구의 '연전 현상' 이다. 이것을 혈전, 어혈 등으로 표현한다. 암의 원인을 산소 부족만으로 단정하기엔 부족하다. 혈액과 림프액, 몸속의 독소와 노폐물들, 바이러스와 기생충까지 영역을 확대해야 할 것이다. 그러나 중요한 것은 적혈구다. 적혈구는 100-120일 정도 활동하는데 인체 내부의 나쁜 상황에선 일찍 사멸되고 그들이 온전히 몸속에서 정화되지 않으면 혈관 속을 유영하게 되고, 세포의 영양분 공급로를 차단하는 사태도 벌어진다. 이것이 암 발병 원인이며, 암의 가장 큰 원인은 [스트레스]라 확신한다.

스트레스가 건강한 적혈구를 파괴하는 가장 치명적인 폭탄이라 본다. 숲속에는 산소가 21% 정도이고 차 안이나 막힌 공간에는 19~20% 정도, 더 막힌 공간은 산소 농도가 더 떨어질 것이다.

숲속을 걸으면 왜? 상쾌하며 자연인들이 왜 암을 비롯 만성 질병이 스스로 자연 치유가 되었는지 궁금증이 해결되시리라 본다.

암 환자들은 산속이나 공기가 맑은 곳에서 하루 3번 깊은 복식 호흡을 30분 정도씩 해 볼 것을 권한다. 물론 일반인들도 하면 놀라움이 일어날 것이다.

다음은 음식이다.

우리 몸은 음식으로 만들어지고 있다 해도 과언이 아니다. 잘못된 원료를 사용하면 기계가 망가지거나 고장이 난다. 이 단순한 원리가 질병의 발생과 백세 건강에 절대적이라 본다.

패스트푸드, 인스턴트 식품 같은 정크 푸드를 먹으니 병이 들 수밖에 없다.

암도 마찬가지요, 정신 질환도 잘못된 음식과 스트레스 때문이며, 폭력과 자살, 패륜, 이혼 등도 이와 같은 원인에서 출발한다고 보며, 혈액이 탁해지고 림프액이 변질하며 혈관에 나쁜 물질들이 퇴적된 것이다.

암 환자들은 절대 육식을 하지 말 것을 권한다. 왜냐하면, 암을 일으키는 항원도 단백질로 이루어져 있기 때문이다. 육식하면 기력이 회복되는 듯한데 몸속이나 혈관 내에 산성화가 형성되기 때문이다. 기력 회복을 위하여 소고기를 먹으라고 권하는 의료진들도 있는데 참으로 안타까운 상식이라 본다. 나는 이때 추어탕이나 다슬 깃국을 권한다.

또한, 식용유 기름이 아무리 우수한 제품이라 해도 고온에서 가열하여 요리한 것은 먹지 말 것을 강력히 권한다. 올리브유, 카놀라유, 참기름, 들깨기름… 어떠한 식용유라도 튀기거나 볶아서 먹어선 안 된다고 주장한지 오래다. 부침개를 먹으면 안 된다고 떠든다. 특히나 암 환자들은 생고구마를 매일 한 개씩 먹을 것을 권한다. 그리고 생강과 대추를 함께 끓여 차로 자주 마실 것도 권한다.

자동차가 공기와 기름을 원료로 하여 엔진이 작동하여 운행된다. 인체도 마찬가지다. 공기와 음식을 원료로 하여 심장(엔진)이 작동하여 움직인다. 자동차에도 좋은 엔진 오일을 사용하는 것이 좋으며 인체도 채소와 과일, 잡곡밥 등을 먹어야 건강하다. 특히나 암 환자들은 더욱 그러해야 한다.

다음은 운동이다.

모든 환자에게 가장 이상적인 운동은 [걷기 운동]이라 본다. 산소가 많은 곳에서 걷고 또 걸어야 한다. 특히나 오염되지 않는 곳에서는 맨발로 걸을 것을 주문한다. 맨발로 걸으니 좋다는 암환자들이 더러 있다. 그들은 확신하며 맨발로 걸을 것을 추천한다. [어떤 노인이 말기 '간암' 이었는데 맨발로 걸었더니 간암이 싹 나았다는 기사도 있다.]

나는 죽음은 다리를 타고 온다고 가끔 이야기한다. 저승사자는 다리를 못 쓰게 하며 앉아 있거나 눕게 하여 심장을 멈추게 한다고 떠든다. 고로 항시 걸어야 한다.

백세 장수하시는 모든 분은 그렇게 걷는 것을 즐기신 분들이다.

다음은 잠을 잘 자야 한다.

인체의 수리는 잠잘 때 이루어진다. 아이들이 자라는 것도 잠잘 때이다.

몸이 아파 약을 복용해도 잠을 자고 나야 그 효력이 있다. 몸이 너무 피곤하면 잠이 오는데 새로운 에너지를 충전하기 위해선 잠을 자야 행할 수 있기 때문이다.

환자들은 모두 공기가 맑은 곳에서 따뜻하게 자고 일어나야 한다. 산소 21%가 공기 중에 충분히 용해된 곳에서 잠을 자는 것이 중요하다.

자연인들이 불치병에서 벗어난 것은 산소가 많은 곳에서 생활하기 때문이다. 이것은 의학을 넘은 자연이 치료한 것이기에 더 위대한 것이다.

환자는 절대 혼자서 잠을 자야 한다. 혼자 자면서 자신과의 싸움에서 이겨야 한다.

질병을 치료하는 것은 결국 자기 자신이다. 의사든, 약이든, 음식이든 치료를 돕는 서포터즈에 불과하다.

나는 늘 떠든다. [암 덩어리는 사람의 목숨을 앗아 갈 수 없다.]

암 환자들은 자기 전에 마음속에서 외쳐야 한다.

[나는 내일 반드시 더 좋아진다!]

암 환자들은 먼저 몸속을 청소하고 새로운 혈액과 호르몬이 만들어질 수 있는 환경을 만들며 위와 같은 방법들을 실행해 보실 것을 권한다.

암! 별것 아니다. 암과 친구하며 90세 이상까지 건강하게 살 수 있다고 본다. 단지, 환자들의 판단과 의지, 신념을 행동으로 옮기는 것에 있을 뿐이리!!!

병명(病名)이 없다.

2021년 9월 초에 어떤 부부가 왔었다. 부인은 60대 후반이시고 남편은 70대 초반 정도…. 경북에서 농사일하다가 지금은 모두 정리했다고 한다.

부인이 몸이 좋지 않아 앞으로 한 5년 정도 밖에 못 사리라 생각되어 끝까지 고생하다 죽느니, 모든 것을 정리하고 평소에 못 해본 여행을 해 보려고 캠핑카를 구입했다고 한다. 집에서는 계속 잠을 못 자던 부인이 여행하다 경산 갓바위 근처에서 잠을 잤는데 평소와 다르게 몇 시간이라도 캠핑카에서 잘 수 있었다고 한다. 여행을 하면서 시간이 있어 우연히 나의 책을 읽었다고 한다.

오래전에 책을 구매해 두었는데 그때는 바쁘고 아프고… 읽지 않고 있다가 몸이 아파 여행을 나와 책을 읽으니 꼭 만나봐야 할 것 같은 느낌이 있어 온 것이다.

얼마 전부터 몸이 아파 서울의 유명 병원을 여러 군데 다니고 또, 한의원에도 여러 곳에 찾아다녔지만, 아무런 효험이 없었다고 했다. 또 3개월 간 거의 잠을 자지 못했다고 한다. 잠이 오지 않아 미칠 지경이었으며 수면제에 의존해 겨우 조금씩 자곤 했다고 한다.

아주머니를 만나니 5년 후에 죽을 건강은 아니었다.

간 내에 노폐물과 독소들이 많고 코안을 살펴보니 많이 막혀 있었다. 그것은 뇌혈관 상태가 좋지 않다는 의미고, 인체 내부에 혈전 (어혈)이 많다는 현상임을 다른 의료진들이나 본인들도 몰랐다. 원인도 모른 체 온몸이 아프니 미칠 지경이라...

나는 숨을 잘 쉴 수 있게 했다. 부인이 코가 시원하고 눈이 밝아지니... "당신" 오줌 소리가 약하고 건망증이 심해지고 여러 나쁜 증상이 있는데, 반드시 같이 제품을 복용해야 한다고 성화다. 장, 간 청소 제품이며 신장 청소 제품도 갖고 가셨다.

현대 의학이나 한의학이 이 여성분이 왜 잠을 못자고 또 왜 이리 아파하는지 몰랐던 것이다. 고도의 카메라와 혈액 검사에 나타나지 않으니 병이 없다는 것이다. 그래서 수면제, 혈액순환개선제, 아스피린, 신경안정제... 이러한 화학적인 약품만 처방하는 것이다.

많은 이들이 90세를 건강하게 맞지 못하고 돌아가신다. 또 젊은 이들도 잘못된 식생활과 게임이나 오락과 스트레스에 의하여 병들어가고 있다.

암 환자들이 많은데 병원 치료에 의존하다 실패하는 경우가 허다하다. 미국은 수술까지는 하지만, 항암제나 방사선 치료는 권하지 않는 추세인데, 한국은 그렇지 않고 무작정 지지고 볶아대는 듯하다.

나는 두 분의 건강을 쉽게 회복하게 해 드렸다.

두 번째 오셨을 때, 앞으로 20년은 건강하게 잘 지내시겠지요?
물었더니 20년은 문제가 없을 것 같다고 힘차게 답을 해 주셨다.

이럴 때, 살아있는 것을 절실히 느껴진다.

골다공증

　나는 책의 여기저기와 강연에서 가끔씩 말한다. 죽음은 다리를 타고 온다고...

　나이가 들면 뼈가 약해지며 구멍이 많아지거나 커진다. 이것을 골다공증이라 칭한다. 특히나 폐경이 지난 여성들에게 주로 발생한다고하지만, 양양의 불균형이 많은 이들은 남여노소를 불문하고 일어날 수 있다. 특히나 양약을 장복하거나 영양제를 복용해도 골다공증이 발병할 수 있다고 생각한다.

　적혈구는 뼈의 골수에서 만들어진다고 알려져 있다. 뼈가 약해지면 조혈이 어려워져 혈액 부족 현상이 일어날 수 있다.

　몸속의 세포들도 항상 재생과 소멸의 연속이며 뼈도 마찬가지다.

　뼈의 생성 속도 보다 유실(흡수)속도가 빨라지면 뼈가 약해지고 구멍이 커진다.

　원래 뼈속의 구멍은 벌집처럼 작아야하는데 유전, 음주와 흡연, 스테로이드나 기타 약물 복용, 운동 부족, 잘못된 식생활, 스트레스, 갑상선기능항진증, 호르몬 부족 등에 의하여 골다공증이 발생한다고 의학계는 보고 있다.

뼈가 약해지면 골절이 일어날 확률이 높아지고 움직임이 많이 둔화된다. 20대가 되면 뼈 조직이 왕성해지고 35세 이후 부터 골량이 서서히 감소한다고 의학계는 추산하고 있다.

뼈를 튼튼하게 한다고 칼슘제제의 영양제를 권하거나 비타민D를 권하는 의학자들도 많다. 영양이 부족하여 그러하다고 메스컴이나 의사들도 많이 홍보한다.

그러면 좋은 영양제를 복용하면 뼈의 유실과 골다공증을 막을 수 있을까?

나는 골다공증의 원인을 혈액과 림프액이 탁하여 발생한다고 본다. 혈액과 림프액이 탁하여 뼈에 영양분과 산소를 충분히 공급하지 못하니 뼈가 약해지고 구멍이 커진다고 주장한다.

동물들을 살펴보면 풀만 뜯어 먹는 초식동물들은 뼈와 뿔이 튼튼하고 체지방도 충분하다. 그들은 칼슘과 비타민D를 골라 먹지 않았다. 그들은 죽음이 오는 순간까지 건강하다. 심장의 정지로 죽음을 맞게 되는 것은 심장 뜀박수에 의하여 생명 한계점이 정해져 있기 때문에 죽음을 맞이하는 것이다.

나는 골당공증의 구체적인 원인은 유전, 운동 부족, 양약 복용, 잘못된 식생활, 스트레스 등으로 본다. 이러한 이유들이 합쳐져 혈관에 노폐물들이 퇴적하고 혈액과 림프액이 탁해져 뼈들이 영양분을 제대로 공급받지 못하여 골다공증이 발병한다고 외친다.

골다공증을 멈추고 느리게하고 호전되게 하려면 어떻게 해야 할까?

그 첫째가 정크 푸드를 먹지 말고 올바른 식생활을 할 것을 권한
다.

콩과 팥이 혼합된 잡곡밥을 계속 먹으면 골다공증에 아주 효과가
좋은 것을 여러 통로를 통해 알게 되었다. 올바른 식생활에 대하여
책의 여러 곳에 적시돼 있으니 참조하기 바란다.

둘째는 몸속 청소,

몸속을 청소해야 간에서 영양분들을 흡수하고 대사하여 제대로
공급하게 될 것이다. 몸속을 청소하지 않고 칼슘과 비타민, 각종 영
양제를 복용하고 있으면 몸속에 있는 독소나 노폐물들이 먼저 영양
분들을 가로채고 그들의 세력은 더욱 왕성해 질 것이며, 그대는 어
리석어지고 그 댓가로 몸을 더욱 망치게 되리라.

셋째, 사혈이다.

사혈은 새로운 혈액과 새로운 호르몬을 만들어 주는 역할을 하는
것을 사혈이라 한다. 일반인들이나 모르는 이들은 사혈은 죽은 혈
액을 뽑는 것이라 잘못 알고 있다.

나는 사혈을 신봉하는 것이 아니라, 위대한 것이라 본다. 그 행하
는 방법, 행하는 부위, 행하는 간극... 그것이 중요할 뿐이다.

넷째, 운동이다.

산소와 영양분이 머리부터 발가락까지 잘 전달되려면 운동이 반
드시 있어야 한다. 산소가 가득한 숲길을 걸어야 한다.

나는 골다공증에 도움이 되는 제품을 만들고 있다. 내가 만들면

다르다고 말하고 싶다. 뼈가 튼튼하고 다리가 튼튼해야 건강한 삶을 끝까지 영위케 되리라!

적혈구

적혈구는 헤모글로빈이 있어 붉게 보이는 혈액을 말한다.

우리가 태어나서 죽음에 이르기까지 이 적혈구에 의하여 좌우된 다고 해도 과언이 아니다. 적혈구에 대하여 관심이 많은 분들은 인 터넷에서 더 많은 정보를 얻을 수 있어 참조하시면 도움이 될 것이 다.

적혈구는 뼈의 골수에서 만들어지며, 약 100-120일 정도 활동을 하다 노화가 되면 비장, 대식세포, 간, 신장 등에서 처리된다고 알 려져 있다.

적혈구는 둥근 도넛치 모양으로 그 속에는 산소 분자가 약 10-12 억개 정도 들어있다고 한다. 이 산소 분자가 세포의 구석구석까지 전달되어 미토콘도리아라는 생산공장에 산소와 영양분을 이용해 인체의 에너지를 생산하고 열량을 만들어 삶을 유지하는 것으로 알 려져 있다. 적혈구는 산소를 운반함과 동시에 미토콘도리아 공장에 서 분출되는 이산화탄소를 제거하거나 폐로 운반하는 역할도 한다.

적혈구... 이것이 생명 원천의 근원이다.

일본인 [노구치 히데요]라는 분은 [만병은 하나의 원인에서 발병한다. 그것은 산소 부족이다.] 이런 말을 했다고 한다. 너무도 훌륭하며 너무도 정확하고 올바른 연구이었다고 생각한다.

산소 부족이라는 말은 적혈구가 파괴되었거나, 서로 엉겨 붙어 핏떡지를 이루는 적혈구의 연전현상으로 발전 된다. 건강한 적혈구는 각자 따로 떨어져 있어야 하며, 모양이 아주 둥글고 팽팽하고 선홍색의 선명함을 유지하고 있어야 하는데, 어떤 이유들에 의하여 파괴되고 사멸되면 이들이 혈액 순환을 방해하고 이산화탄소와 활성산소, 젖산, 코르티솔 등의 나쁜 독소 물질을 분출할 수 있다고 한다.

암은 산소 부족이다. 이러한 명제가 가슴을 울리는 것은 역시 적혈구가 모자라고 파괴되어 있다는 말과 상통한다고 본다.

우리는 적혈구가 왕성하게 잘 활동할 수 있도록 모든 역량을 모아 도와야 할 것이다. 그것은 질병 예방법과 치료법 및 백 세 건강과도 동일선상에 있다 본다.

저승사자의 메세지

    건강이 무너지며 황색 경고등이 들어오는 것은 다양하고 사람마다 다르지만, 이러한 공통점도 있다는 것이다. 정확한 저승사자의 메세지가 아닐지라도 참고하여 건강 회복과 증진에 참고하시기 바란다.

1) 호흡이 거칠어지고 숨쉬는 것이 힘들다.(옆에서 들어도 숨결이 고르지 않고 갑갑하게 들리면 그 사람은 위험한 영역에 있다 본다.)

2) 다리가 자꾸 무거워 진다.

3) 건망증이 심하고, 헛소리를 가끔씩 한다.

4) 눈의 촛점이 흐려져 있다.

5) 음식을 잘 먹지 못하고 밥맛을 모른다.

6) 말하는 것이 힘들다.

7) 종이(paper) 드는 것조차 힘들게 된다.

8) 잠자는 시간이 아주 짧거나, 너무 길다.

9) 목에 가래(담)가 계속 붙어 있는 듯하다.

10) 몸에서 냄새가 자주 난다.

11) 가슴이 자주 답답하고, 가슴에 뭔가 달려 있듯하고 무겁게 느껴진다.

12) 대, 소변이 힘들다.

13) 속이 답답하고, 소화가 안되며, 신물이 자주 올라온다.

14) 대변의 색깔이 검거나 희다.

15) 당뇨병이 없는데도 입안이 마르고 혀가 갈라지고 힘들다.

16) 귀가 탄력이나 윤기가 없고 기(氣)가 빠져 있다.

17) 네 종류 이상의 양약을 복용하고 있는 사람들은 위험한 영역에 들어 있다고 본다.

▶ 참고자료

- KNOCK OUT(암을 고치는 미국 의사들) | 수제인 소머스

- 퍼스트 셀 | 아즈라 라자

- 암. 산소에 답이 있다. | 윤태호

- 의사의 반란 | 신우섭

- 병원에 가지 말아야 할 81가지 이유 | 허현회

- 사랑하지 말자 | 도올 김용옥

- 의사는 수술받지 않는다 | 김현정

- 멈추면 비로소 보이는 것들 | 혜민스님

- 암, 생과 사의 수수께끼에 도전하다 | 다치바나 다카시

- 아프니까 청춘이다 | 김난도

- 의학 오디세이 | 강신익, 신동원, 여인석, 황상익

- 의학의 진실 | 데이비드 우튼

- 초라한 밥상 | 마우쿠치 히데오

- 밥 따로 국 따로 | 이상문

- 가정의학 전집

- 나는 현대의학을 믿지 않는다 | 로버트 S 멘델 존

- 의사가 못 고치는 환자는 어떻게 하나 | 황종국

- 활성산소를 줄이면 난치병도 줄일 수 있다 | 니와 유키에

- 죽은 의사는 거짓말을 하지 않는다 | 닥터 웰렉

- 생로병사의 비밀 | KBS

- 인체 기행 | 권오길

- 인체 해부학 | 현문사

- 누우면 죽고, 걸으면 산다 | 화타 김영길

- 의사를 믿지 말아야 할 72가지 이유 | 허현회

- 암을 고친 사람들 | 국제건강가족동호회

- 암은 정복된다 | 이영숙

- 잘못된 식생활이 성인병을 만든다 | 원태진

- 장이 건강해야 미인이 된다 | 이왕림

- 인체 기생충학 | 고문사

- 조선일보 경제면기사 및 건강 플러스 편

- 위험한 의학 현명한 치료 | 김진목

- 해피 엔딩 | 최철주

- 얼굴을 보면 건강이 보인다 | 야마무라 신이치로

- 인체의 신비 | 원저 찰튼

- 동의학 사전 | 여강 출판사

- 항암제로 살해당하다 | 후나세 순스케

- 약을 끊어야 병이 낫는다 | 아보 도오루

- 도둑맞은 미래 | 테오 콜본, 다이앤 듀마노스키, 존 피터슨 마이어

- 없는 병도 만든다 | 외르크 블레흐

- 과자 내 아이를 해치는 달콤한 유혹 | 안병수

- 인터넷 열람

- 약은 우리 몸에 어떤 작용을 하는가 | 야자와 사이언스오피스

▶ **암을 일으키는 기생충** | 장흡충 (파시올롭시스버스키)

▶ **당신을 죽일 수 있는 세 가지 기생충**

췌장흡충
(뉴리트레마, 당뇨병 유발)

간흡충
(보편적인 알레르기 증후군 유발)

사람의 간흡충

告 子 章(고자장)

맹자

하늘이 장차 그 사람에게 큰일을 맡기려고 하면

반드시 먼저 그 마음과 뜻을 괴롭게 하고

근육과 뼈를 깎는 고통을 주고

몸을 굶주리게 하고

그 생활은 빈곤에 빠뜨리고

하는 일마다 어지럽게 한다.

그 이유는 마음을 흔들어 참을성을 기르게 하기 위함이며

지금까지 할 수 없었던 일을 할 수 있게 하기 위함이다.

부록

★ 제품 이야기 ★

십칠전대보탕

나는 본방 십전대보탕에 7가지를 더 추가해서 보약을 만들었다. 여기에는 녹용이나 동물적이거나 화학적인 것은 일체 넣지 않았다. 순수하게 약초와 곡식만을 조합해서 만들었다.

여기에 녹용이나 다른 동물재료를 사용한다면 너무 과한 제품이 되리라고 염려스럽고 또, 그렇게 하지 않아도 훌륭한 제품이 될 수 있음을 증명하였다.

기력이 떨어졌을 때, 몸이 부실하다고 느껴질 때 복용하면 좋을 것이다. 가격도 착하게 해 놓았다.

한의원이든 중국이든, 공진단, 산삼, 경옥고, 천삼, 각종 영양제 보다는 더 가성비 좋을 것이다.

> **1박스(60봉, 1개월 분)** ·· **₩ 250,000**

다리, 허리, 어깨가 아프고 결릴 때

나이가 들면 다리가 저리고, 허리가 자주 뻐근하고, 어깨가 결리는 이들이 많다. 그러면 수술을 하는 경우도 있고 병원을 방문하여 계속 물리치료며, 한약을 복용하는 이들이 대부분이다.

그러나 나는 그러한 원인물질을 제거하고자 제품을 만들었다. 현대 의학이나 한의학을 넘어 있다고 자부한다. 다리와 어깨, 허리가 결리고 통증이 있는 것은 혈액과 림프액이 탁하기 때문이다.

디스크의 원인은 더욱 그러하다. 혈관과 혈액, 림프액이 문제가 있어 관절이며 허리, 다리, 어깨가 결리고 아픈 것이다.

근원을 치료해야 한다.

> **1박스(60봉, 1개월 분)** ·· **₩ 200,000**

풀잎 이야기

각 종 암들과 당뇨병, 고혈압, 고지혈증 및 염증성 질환에 꼭 필요한 제품이 되었으면 하고 산과 들에 있는 풀잎들을 채취하여 말리고 가루내어 환으로 만들었다. 전혀 화학적이지 않다.

참쑥, 뽕잎, 박주가리, 무우청, 야생시금치, 엉거퀴잎사귀 ,미나리, 치커리, 씀바귀, ... 등등을 사용하였다.

각종 암을 비롯하여, 모든 퇴행성질환에도 의학이나 의술, 화학적인 약들을 넘어 자연의 위대함을 보여주리라 믿어의심치 않는다.

모든 질병이나 백세 건강에 도움이 되었으면....

1통(300g) 25-30일 분 ·· **₩70,000**

모든 시작은 몸속 청소로 부터

천하의 명약들이 많이 있다. 그러나, 그러한 천하의 명약들을 복용하기 전에 반드시 거쳐야할 관문이 있다. 그렇기 때문에 명약을 복용하고도 천수(99세 이상)를 다 하지 못하는 이들이 대부분이다.

천하의 명약들을 찾게 된 것은 몸의 기운이 쇠잔해 졌거나, 질병이 있을때, 연일 계속되는 강행군을 해야할 때... 필요하다. 그러나 반드시 필요한 것이 몸속의 청소에 있음을 아는 이들이 별로 없는 듯하다.

몸속을 청소하지 않은 채 고도의 영양제를 복용하면 혈관과 세포속에 있던 불순물들이 먼저 낚아챈다. 그래서 명약을 복용하고도 질병 치료나 천수를 하지 못하고 오히려 명(命)이 재촉 당하게 되는 것이다.

몸속을 비워줄 것인가? 넘치어 기력과 여기 저기 탈이 나는데도 쑤셔 넣어 순간의 활력만 쫓다가 명을 단축케 할 것인가?

몸속을 청소하는 곳은 장, 간, 신장, 폐 등이다.

나이가 14세 이상 되면 몸속에 노폐물들이 퇴적되기 시작한다고 본다. 그 뒤로 독소와 노폐물들이 퇴적되는 양은 운동 부족, 환경, 잘못된 식생활, 스트레스에 의하여 좌우된다 본다.

건강을 잘 유지하고자 산행을 하고, 헬스클럽에서 매일 운동을 하고 , 자전거, 조기축구, 야구, 배드민턴, 테니스, 스쿼시.... 등등을 하는 이들도 먼저 몸속을 청소해야 함을 아는 이들이 별로 없으며, 질병을 치료하기 전에 몸속을 청소케 하는 의료진은 거의 없는 듯하다.

몸속을 청소하고 음식을 바르게 먹고, 운동을 적절하게 한다면 만(萬)가지 질병들은 저절로 치료가 된다. 그것은 인체 내부의 면역력이 놀라움을 갖고 있었는데 독소와 노폐물들 때문에 기능이 축소되 있었기 때문이다.

사업이든, 운동이든, 기도, 공부, 명약을 복용하든, 99세 까지 팔팔한 삶을 원하던, 영순위 행해야할 관문이 몸속 청소에 있음을 있지 마시길...

2회분 ·· **₩ 150,000**

양지환에 대하여

양지환은 기생충이나 간과 폐에 있을 흡충들까지도 섬멸할 수 있었으면 하고 만들었고 또, 혈액을 맑게 하고자 포커스를 맞추었다.

여기에는 참쑥과 개똥쑥, 정향, 어성초, 민들레, 차전자, 창출.... 등등을 비롯하여 여러 가지 풀뿌리와 잎사귀들을 혼합하여 하모니를 이루게 했다. 이 제품은 1998년부터 만들어 사용해 오고 있다.

부작용은 없으나, 인체의 혈류가 막히거나 림프액이 막힌 곳이 있다면 그 부위에 몹시 통증이 일어난다. 또한 기생충이 있어도 배가 아프거나 여러 반응을 나타낸다.

명현 현상이 나타나는 것을 보고 그 사람의 건강을 체크한다. 전에 다친 곳이 있으면 그 부위에도 반응을 나타내는 경우가 종종 있다.

또한 생고기나 바다회를 먹고 배탈이 날 때도 아주 도움이 된다. 감기 증상이 있을 때 숫자를 높여 (60~870)개를 권장하기도 한다.

복용 숫자에 얽매이지 말고 자기에게 맞게 가감하여 복용하는 것이 좋다. 성인 50kg 이상일 때 50개씩 아침 식전과 저녁 식사 후 2시간 뒤에 복용하는 것이 기본이다. 위장이 좋지 않은 사람들은 식후에 복용하는 것이 좋다.

어린아이들은 체중의 반을 복용케 한다. 예) 30kg일 때 15개 환을 복용케 한다.

양지환의 복용 숫자를 정하는 것은 오직 복용하고 있는 사람 몸속의 유기체들만이 결정하는 것이 바람직할 것이다.

양지환도 질병 치료와 예방에 "신의 한 수"가 되었으면 한다.

300g(45일 분) ·· **₩ 100,000**

가래(담), 천식, 폐질환
(코로나, 독감, 메르스, 사스, 신종플루)

여기에는 도라지, 배, 뽕나무 뿌리, 무, 쌀엿(갱엿).... 대부분 우리들의 일상에서 먹는 음식 재료들을 사용한다. 120도의 열에 12시간 이상 다린다.

기침, 천식, 가래를 삭이고, 폐질환에도 많은 도움이 됨을 복용하는 사람마다 전해 준다.

이 제품은 부작용이 거의 없다. 그래서 어린이 감기약으로도 추천한다.

코로나 바이러스가 세계를 강타하고 각종 변종들이 발병하고 있다.

먹는 코로나 백신으로 임상해 봤으면 하는 바램이 크다. 코로나는 호흡기 바이러스라고 한다. 그래서 반드시 효과가 있지 않을까? 추측해 본다.

코로나, 델타, 변종, 독감, 사스, 메르스, 신종플루...등에 치료제나 예방 약으로 잘 통할 듯 한데, 임상을 해 보지 못한 안타까움이 넘친다.

앞서 서술했지만, 부작용이 없으니 더욱 안심이지 않은가?

담배를 피우고 있어도 약 7일이 지나면 목이 시원해 진다고 전해 준다.

복용방법은 하루에 2~3회 식·후 관계없이 1팩 씩 마시면 된다.

＊어린이나 약이 진하면 따뜻한 물을 섞어 희석하여 만신다.

> **1박스(60, 1개월 분)** ···································· **₩200,000**

요로 결석, 신장 결석, 방광, 전립선 청소

이 제품은 신장을 청소하여 기능을 활성화함은 물론, 소변도 시원하게 잘 나오게 하고 사구체에 있는 불순물들도 녹여 내고자 만들었다. 여기에는 저령, 목통(어름덩굴), 노근(갈대뿌리), 환삼덩굴, 택사, 옥수수수염 등이 들어간다.

남자는 60대가 넘어서면 소변이 약해지고 잔뇨감이 발병하며, 전립선이 비대되어 건강이 크게 악화된다. 신장의 결석이나 요로 결석, 전립선 비대증 까지 호전시키고자 만들었다.

매스컴에서 선전되고 있는 쏘팔메토 제품이 어떤 위력이 있는지 모르지만, 여기에는 화학적인 재료가 전혀 없다.

하루 2~3회 복용하며 맥주를 곁드려도 좋다.

> **60팩(봉)** ···································· **₩200,000**

흰 모발을 검은 모발로
✱ 세상에 이런 일이 ✱

나에게는 아직 의학이나 의술이 해결하지 못한 제품이 있다. 그것은 흰 모발을 자연 스러이 검은 모발이 자라게 할 수 있는 제품이다. 또한 이것은 곡식과 해산물을 조합해서 만들기 때문에 영양제로써도 가성비좋은 제품이라 자부한다. 아직도 모르는 사람들이 더 많고 믿지 않는 사람들은 더 많다. 그러나 그러한 우려를 어느 순간이 되면 놀라움으로 바뀐다. 나도 그랬다.

99세는 몰라도 100세 이상 건강한 삶을 살려면 필수품이 '자오'가 아닐까 생각해 본다. 또한 암 환자나 중증의 환자들과 면역력이 부족한 사람들에게도 필수품이 되리라 추천한다.

나는 제품명을 자오(自烏)라 정했다. 스스로 검어진다고... 여기에는 여러 가지 곡식들과 바다의 해산물로 구성되어 있다. 자연 그대로 말리고 볶고 갈아서 만들었다. 비타민이나 오메가, 루테인, 코큐텐, 콜라겐, 크릴새우 등의 제품보다 더 나은 천연의 제품이다. 시중의 제품에는 거의가 화학적인 재료들이 많이 들어 있다. 그러나 나의 제품에는 그러한 화학적인 재료들이 전혀 없다. 하수오, 검은쌀, 찹쌀보리, 검은깨(중국산), 돼지감자, 고구마, 검은 콩, 해초, 새우 등이 하모니를 이루었다.

몸속을 여러 차례 청소한 후, 장복을 하면 손상된 DNA가 복원되리라 생각하고 또, 흰머리카락이 바뀌어 검은머리카락이 자연스레 난다는 것이다.

검은 모발이 나기 시작하는 것은 복용하는 사람마다 다르다. 2개월, 3개월, 4개월... 수 많은 사람을 임상한 것은 아니나, 임상한 사람들 대부분이 검은 모발이 자연적으로 난다는 놀라움을 얻었다.

나 자신은 약 2개월간 꾸준히 먹었더니 흰머리카락이 검은 머리카락으로 변하였다.

흰머리가 검은색으로 완전히 변하면 하루에 1회 정도만 복용해도 된다.

머리카락이 변하는 것이 덤인가? 면역력을 얻은 것이 덤인가?

자오의 놀라움을 경험해 보시길...

1통 (300g, 15-20일 분) ······························ **₩70,000**

간 기능을 회복하자

간의 기능이 떨어지거나 간 경화, 간 암에 쓸 수 있는 제품을 자연에서 추출
하여 만들었다.

비리어드, 헵세라, 바라쿠르드, 고덱스, 인터페론 등은 화학적이다.

간 청소를 먼저 하고 복용해 보면 양약들보다 월등한 도움이 될 것이다.

1박스(60봉, 1개월 분) ·· **₩300,000**

신기한 약초

자연은 참으로 위대한 것을 새삼 느낀다. 인간에게 의로운 약초가 무궁무진
한 듯하다. 그중에 내가 알고 있는 약초는 몸 밖으로 돌출되어 있는 혹덩어
리에 붙이고 하루 쯤 지나면 물집이 잡히고 물집을 터트리면 진물이 1~3일
정도 나온다. 거기에 화상용 밴드(파스)를 붙이면 다시 염증이나 나쁜 물질이
있을 때, 피고름이 올라온다. 그런 후 상처가 아물면 신기하게 통증이나 불편
한 것들이 많이 완화가 된다. 수술이나 양약들 보다 더 좋다.

무릎이 시큰거릴 때, 무릎이 좋지 않을 때도 아주 도움이 된다.

인체에 해가 없으니 이 또한 보너스 중에 보너스가 아니겠는가!

나쁜 체액을 빼내면 얼마나 인체가 좋아할까?

자연에서 나는 풀잎으로 많은 이들에게 도움이 되었으면...

1-2회 사용 작은 병 (20g) ······································ **₩70,000**

관절염에 대하여

관절염을 물리치기 위해선 닭의 연골뼈 추출물을 만들고, 여기에 골담초, 홍
화씨, 우슬이며 여러가지 관절염에 좋은 약초들을 혼합하여 환으로 만들었
다.

장, 간을 청소를 한 후에 나의 제품을 복용하면 관절염이 좋아지고 또 연골
뼈마저 좋아졌으면 하며 만들었다.

관절이 좋지 않은 분들이 복용해 보고는 모두가 좋다고 한다.

1통 300g ·· **₩70,000**

이명

귀에 소리가 나면 미칠지경이라고 한다.

그러나 현대 의학이든 다른 의술이든, 거의 속수무책이다. 만병이 그러하듯, 불치병중에 하나이다.

그런데 나는 이명에 대한 비방을 갖고 있다. 여기에 주 재료는 녹용이다.

백사람 모두에게 썼을 때 백사삼 모두 효과가 나타나는 것은 아니다. 그런데 60% 이상 효과가 있다 본다.

청각 기관에 혈류와 림프액이 잘 공급되지 않기 때문에 발병한다.

먼저 장, 간, 신장 등을 청소를 한 후에 복용해 볼 것을 권한다.

> 1박스(60봉)··₩ 300,000

건망증과 치매

건망증과 약간의 치매 증상에 대하여 비방을 갖고 있다.

여기에도 전혀 화학적인 재료가 들어가지 않는다.

이것은 한의학 박사님이 임상으로 사용하고 계시는 비법에 내가 추가를 하여 제품으로 만들었다.

> 60팩(1박스)··₩ 200,000

뇌졸중

뇌졸중의 원인은 혈관이 막힌 뇌경색, 혈관이 터친 뇌출혈로 구분된다.

원인은 핏떡지가 문제이며, 뇌혈관 벽에 끼여 있는 여러 이물질들을 제거함이 치료의 근본이다.

뇌졸중약들은 치료에도 중요하지만, 더 악화되는 것을 방지하는 것이 더 중요하다.

> 1박스(60봉, 1개월 분)··₩ 200,000

골다공증, 뼈 건강

나이가 많아지거나 정크 푸드를 많이 먹으면 뼈에 구멍이 커지고 많아진다.

골다공증, 골조송증, 뼈의 건강을 위하여 나쁜 음식을 끊고, 올바른 식생활을 하면서 복용해야 효험이 더 할 것이다.

> 1박스(60봉) ·· ₩ 200,000

심장병

심장병의 원인도 혈액의 탁함과 그로인해 혈관 벽에 퇴적된 이물질들이 심장병의 주요 원인이다. 심장병에 벗어나려면 첫째가 올바른 식생활을 하는 것이다. 그러면서 많이 걷고, 몸속을 청소한 후에 나의 제품을 복용해 볼 것을 권한다.

처음 어느 정도까지는 기존의 양약을 계속 복용하다가 호전이 되면 양약을 스스로 줄여 가는 방법을 취할 것을 권한다.

> 1박스(60봉, 1일 2-3회) ··························· ₩ 200,000

불임

본문 참조

> 1박스(60봉, 1개월 분) ··························· ₩ 300,000

고혈압

고혈압의 원인은 혈액의 탁함과 혈관 속에 독소나 노폐물들 때문이다.
이러한 원인을 해결하는 것이 고혈압을 근원적으로 퇴치하는 방법이다.
나는 근본 원인을 제거하고자 포커스를 맞추어 놓았다.

> 1박스(60봉) ·· ₩ 200,000

당뇨병

본문 참조

> 1박스(60봉) ·· ₩ 200,000

비염

본문 참조

1박스(60봉) ·· ₩ 200,000

건강한 정자, 난자, 건강한 호르몬

본문 참조

1박스(60봉) ·· ₩ 300,000

찾아오시는 길

- 경북 칠곡군 가산면 가산로 1077번지(가산면 응추리 504-2)
- **문의** 010-6336-6869
- **계좌번호** 농협 : 735056-52-082540 대구은행 : 220-08-190147-001

90세를 사뿐히 넘고, 100세 강 건너려면

인쇄일 2022. 3. 3
발행일 2022. 3. 16

지은이 박상근 (H·P : 010. 6336. 6869)
편 집 보라인쇄기획
펴낸곳 윤선 출판사
          경북 칠곡군 가산면 가산로 1077번지
펴낸이 전상득

ISBN   979-11-966543-3-7
값 17,000원